自洽

在不确定的日子里
向内看

史欣悦 著

中信出版集团 | 北京

图书在版编目（CIP）数据

自洽：在不确定的日子里向内看 / 史欣悦著 . --
北京：中信出版社，2021.11（2021.11重印）
ISBN 978-7-5217-3636-6

Ⅰ . ①自… Ⅱ . ①史… Ⅲ . ①成功心理－通俗读物
Ⅳ . ① B848.4-49

中国版本图书馆 CIP 数据核字 (2021) 第 196119 号

自洽——在不确定的日子里向内看
著者： 史欣悦
出版发行：中信出版集团股份有限公司
（北京市朝阳区惠新东街甲 4 号富盛大厦 2 座 邮编 100029）
承印者： 中国电影出版社印刷厂

开本：880mm×1230mm 1/32 印张：9.5 字数：197 千字
版次：2021 年 11 月第 1 版 印次：2021 年11月第 4 次印刷
书号：ISBN 978–7–5217–3636–6
定价：59.00 元

目录

推荐序　自洽是越来越多人面对的课题　肖微　VII
有才的头脑中住着一个有趣的灵魂　杨天真　XI
自　序　XIII

第一章

自洽，认识并接受自己

现代人的精神危机大部分源于不能认知自己。我们向内探寻如何维护、滋养心灵，如何接纳自己的情绪，如何维护自己的身体，如何锻炼自己的思维，这才是自洽人生的修行。

认知自己是一切的出发点　003
自洽，认识并接受自己　007
自律是自洽的行为模式　013
向内探寻自己是良性的内卷　018
高人指点是自我成长的关键　024
一个人像他的时代，远胜于儿子像他的父亲　029

第二章

选择，从实际出发，从自己出发

人在年轻的时候有很多机缘，是机缘就要善用，但是不要给自己设限，不要让早先学到的东西成为日后的包袱和障碍。

机会是试出来的，不是想出来的　037

年少成名可能是祝福，也可能是诅咒　041

不要给自己设限，是机缘就要善用　045

留学镀的是眼界的金　051

创业是人生选择的一种　059

生活在别处，我的未选之路　066

第三章

在沟通中见自己，在关系中自我定位

沟通能力的基础，就是怎么说清楚我的想法，怎么听清楚别人的想法。在各种关系里，求大同存小异即可，把握人际关系的基本尺度，不需要时时刻刻保持同步。

说“不”是重要的沟通能力　077

别让说话的方式削弱你的优势　083

演讲力与个人影响力正相关　094

在国际交往中展现个性　100

同事关系紧张的第一责任方是公司　111

孩子的社交方式是给成年人的示范　117

亲密关系不能破坏人际关系的基本尺度　123

父母是股权不断稀释的小股东　132

助人不求即刻的回报　139

第四章

把职业融入自我，不要被职业反噬

专业主义需要我们收敛自我，把个性、率性和随性藏在职业的外衣下。而专业主义过了头，完全丧失了自己，应该就是用力过猛了。

在工作中找到自己的心流　147

以职业观和事业观交替观照工作情绪　154

专业精神 = 专业本领 × 人品 + 专业形象　161

想少加班就要在工作交接上动脑筋　168

正确面对职场中的错误和批评　174

领导力不等同于个人魅力　181

只要对工作有利，无论分内分外　189

古人早就说透了客户的本质　195

人生不能坍缩到只剩 PPT 和聊天记录　199

用精神给养走出职场低谷　204

防治职业病的良方在自己手中　212

理性规划你的职场生涯　217

第五章

身体和灵魂都得健康有趣

工作占据了我们太多的时间，消耗了我们太多的精力，如果不去做点自己真正喜欢的事，属于我们自己的生活又是什么呢？

无用之事让人觉得人间值得　225

用爱好超脱眼前的琐碎　230

做长期主义者，离眼前小利远一点　240

保持对异域文化的开放和好奇心　244

对奢侈品要有“拥有即失去”的觉悟　251

健康是 1，其他都是后面的 0　260

时间管理是零和游戏　270

做自己的博士生导师　277

推荐序

自洽是越来越多人面对的课题

君合律师事务所创始合伙人　肖微

《令人心动的 offer 第二季》播出后，很快就有人打电话给我，“你们所的史欣悦律师成家了没有?”显然，这是有人被节目中的史欣悦律师深深地吸引了。

哲学家叔本华说，曾以为字写得好、文笔好、球打得好，抑或某一方面有特长就是有才华，后来才发现，灵魂的觉醒、思想的升华和人格的独立，才是真正的才华。

当今时代，也许可以这样“篡改”一下哲人的语录：以为生意做得好、钱挣得多、出人头地就是成功，后来才发现，张弛有度、不卑不亢、怡然自得才是真正的成功。

我和史欣悦律师是多年的同事，这本书中所述的点点滴滴都对应他日常工作和生活中具体的、清晰的、生动的影像。他没有空洞地高谈阔论，而是有天有地、有虚有实、有情有感、有血有肉地“验明正身”。这本书读起来津津有味，耐人寻味，余味回甘。

这本书唤起了我对“自洽”的浓厚兴趣和共鸣。如何理解和做到自洽，我试图从理念、规律和方法三个视角去探讨。

比如，这本书出版后，我想他会有更多的粉丝。我也是他的粉丝，因为我和史欣悦律师有相似的秉性和价值观。当然，一定有人不喜欢这种秉性和价值观，而认知和欣然接受人之差异与思想观念的南辕北辙正是“自洽”的支柱之一。自洽应该没有标准的公式和答案，但自洽可能是越来多人面对的课题。

我们没有几个人能够说出自己曾祖父母和更早祖先的名字和经历，他们都是生命传承链条上的一部分。对于后代，我们也是生命链条上的一部分，后人也没有多少人能说出我们的名字和经历。而理解和把握生命的自然价值和过程，或许可以减少因刻意追求功名而对自己、对群体、对自然造成的冲击。

自洽可能不仅是个思想意识或心理调节课题，或许还是个科学规律课题。我喜欢观察和分析血型与人之性格及言行的关系，它们是有一定规律可循的。虽然不能绝对化，但相对而言，相同血型的人自洽方式更接近一些。

我一直在琢磨，少年为什么会有叛逆期？中年人为什么会有更年期？但至今没找到权威解释。我观看《动物世界》节目发现，很多动物的幼仔稍一长大就会远走高飞，这是大自然的选择，难道在历史长河中的人类没有做出这样的选择吗？虽然人类文明改变了人类生命的节奏和周期，难道叛逆而独立不是大自然留在人类身上的尾骨吗？难道更年期不是大自然洗涤生命的甲骨文吗？理解了这些，对于叛逆和更年期问题就不会那么困扰和纠结了，自洽也就有了一些可以自圆其说的解释。

从方式方法层面，我们也可以进行很多尝试。我很欣赏史欣悦律师在这本书中用公式表达价值的方法，在此学习运用之。

虽然我不知道对于叛逆期和更年期的猜想是否靠谱，但这种猜想的兴致给我的生命注入了兴奋剂。总结而言就是：

自洽指数 1= 好奇 / 麻木

好奇越多，麻木越少，指数越大。

如果多些悠然自得，少些攀比嫉妒或自以为是，将会产生第二个公式：

自洽指数 2= 自在 / 攀比

心中经常提醒自己，控制自己的情绪和心态，尽量避免矛盾、减少矛盾，尽量把坏事变成好事，不要把好事变成坏事，提炼成公式就是：

自洽指数 3= 向好 / 向差

人有自私的一面，自然也有关爱的一面，调节自我，乐于奉献，抱团取暖，和衷共济，可概括为：

自洽指数 4= 利他 / 自私

有幸作为出版前的读者拜读史欣悦律师的《自洽》一书并受邀写序，忍不住借题发挥，画蛇添足，见笑！

有才的头脑中住着一个有趣的灵魂

杨天真　plusmall 品牌主理人

认识史律是在《令人心动的 offer 第二季》。他在商事法律专业上严谨，在交谈中自如、洒脱，在相处时让人如沐春风。

他看起来是矛盾的——

律所精英，却有着北京大爷般的随和与豁达；

公司合伙人，却能和同事打成一片，没有啥上司的威严；

精于文、史、哲，爱好惊人地广泛：读书饮酒吃茶，京剧足球画画。

这些看似矛盾的背后，归根结底两个词——舒服、自洽，正如这本书的核心议题。

史律的这本书，并不是要给你讲看似他最擅长的法条和如何做一名好律师，而是以清晰的逻辑帮你梳理何为自洽、如何自洽——也是精炼地回顾和总结了，他如何成为他。

我喜欢与优秀的人做朋友，因为能在与他们的交往中快速获得。

同样地，读优秀的人写的书，就是把他几十年的人生经验浓缩为这近二十万的文字快速吸收。不要怀疑，读书就是用相对便宜的学费获得最宝贵财富的捷径。

史律绝不仅仅是一名优秀的律所合伙人，更是可以与你倾心交谈的大朋友。

我把这位博学、有趣、专业、自洽的大朋友介绍给准备读这本书的你，相信他能把自身的情怀与厚重感传递与你，带你开眼看世界。

对了，推荐你也关注一下史律的喜马拉雅电台，你会发现这颗有才的头脑中住着一个有趣的灵魂和一个温暖的声音。

自序

我是一个喜欢看书的人。凡喜欢看书的人，大概也都愿意自己写本书，我也是这样。但是我没有料到，我第一本书的主题是关于个人成长和发展的。

如果完全按照自己的兴趣，我可能会写本小说，比如关于商业律师的江湖，或者是一本历史小说，写写南北朝的那些人和事。半年前，当中信出版集团的赵辉、李怡霏两位编辑老师在君合咖啡厅问我有没有兴趣写一本个人成长类的书时，我还是感到很意外。在我看来，这样的书类似于"闲聊天"，只有成了名的大家才有写书闲聊天的资格，一个新作者还是得先拿出点又干又硬的"货"，才能挤得进出版的行列。另外，我也不知道如何"闲聊"出十几万字，凑成能够付印的篇幅。

但赵辉老师的几句话彻底解决了我的疑问。他说，即便是常识，也需要从不同的角度阐释，比如大家嘴上总说靠谱，什么是靠谱，是不是可以好好写写；另外，你在喜马拉雅每周播《层楼欲说茶滋味》，也有 3000 字左右了，你就把那些话题拆解成几个部分，每个部分再分出一些小话题，每个小话题写两三千字，篇幅不应该是问题。

赵辉老师的话很精炼，但是把意义和方法说得清清楚楚，我便开始了这本书的写作。即便做不到每天都写，我也一周争取三天的写作时间。因为赵老师还说了一句话，你们这样有自己本职工作的作者，一鼓作气两个月写出来就写出来了，两个月没写出来，那就是凉了。这样的经验之谈对我来说无比珍贵。就像当年我从英国回来晃晃悠悠地准备着司法考试，一位事务所的师兄跟我说，要考就要一次过，如果没过，第二年你承担的工作更多，还要复习，会非常痛苦，要用“这次不过我就不做律师”的态度去备考。听了他的话，并用这个态度备考，结果我一次就过了。这两个故事中的“高人指点”都让我受益匪浅。

我把列出的话题写完交给出版社之后，又在编辑的“怂恿”下为这本书绘插画。对我这样一个除了小学中学美术课之外没学过绘画的人，这个任务真是有点勉为其难。我先画了几幅中外著名作家的像，比如村上春树，我发给了编辑，问:“看得出来是谁吗?”编辑老师回:“葛优?”于是我立刻改画世界建筑风光了。画也交了，我就去做别的事了，暂时告别清晨即起、日书三千字的节奏。过了一段时间，我的编辑李怡霏老师把试读本返给我，我发现我本来像杂货铺和万花筒一样的思路，被编辑整理得非常简明顺畅。这就是编辑的功力所在，字还是我写的那些字，但是经过重新排列组合后，看起来就仿佛是泥人被女娲吹了一口气，活生生地立起来了。

这本书从认识自我开始聊起，自我和环境互动，产生了选择;

自我和他人互动，产生了关系；我们会把自我投入某种职业，却依然想努力保持自我；最终又要回到自我，保持身体的健康和不断学习的好奇心。本书的五章就是这样安排的，但是这五章并无先后顺序。请不要误解，认为只有在家里坐着认清自我后才能走出去做选择、建关系、谋职业，认识自我从来都是在选择之中、关系之中、工作之中有所体悟的，也是在锻炼身体和持续学习中不断更新的。

这本书在写作过程中一直都没有名字，直到快出版了才定了如今的书名——《自洽》。自洽是个时髦词，连胡同里居民停车都叫“居民自洽停车位”了。我很怀疑我是不是一个自洽的人，因为真人秀节目导演认为我是个矛盾体，连赵辉老师第一次见我时也说，你在不同平台、不同节目、不同文章里体现出了很不同的样子，以至不像同一个人。他们这么说，我也很惊讶，我自己感觉，在大部分时间里，我和天地万物相处得十分和谐，怎么能是个矛盾体，不像同一个人呢？可再仔细想想，我——也不仅仅是我，应该是大多数人——的确会在不同的环境和关系里展现出不同的样子。这大概就是心理学所说的，人并没有一个抽象不变的自我，所谓自我都是存在于关系中的，不同的关系映射出了不同的自我。把这些不同的自我认识好、组织好、协调好，就是所谓自洽了吧。这是一个挺高远的目标，我虽不能至，但心向往之。

《自洽》的写作过程也让我和不少故人建立了新的连接。写作中，我借用了几位和我一起成长的朋友的经历，讲述了一些师长和律师界前辈的指导，边写边想，又有了更多的领悟。为了多些视角看问题，我也专门采访了几位生活在海外的朋友，因为疫情影响我们也挺久没见面了，正好借着写书，打打电话聊聊天。我还专门请教了创业的好朋友谈谈他们关于建立、运营一家或大或小的企业的各种心得体会，受到了很多启发。我发现，创业者的诸多素质，恰恰是我这样一个一直在机构里工作的人所不具备的，我愿意和创业者当一辈子的好朋友，常常请教。

家人为我提供了最好的写作环境。所谓最好的写作环境就是表面上不问、不催、不关心，leave me alone（让我一个人静静）。但是和女儿逛书店时候，她会问，以后爸爸的书写好了，也会摆在这里吗？我说，希望吧。我更希望，等十几年后她开始对书里的这些问题感兴趣的时候，这本“闲聊天”的书能给她一些参考。从这个角度说，这本书也是写给女儿的。

第一章

自洽，认识并接受自己

认知自己是一切的出发点

古希腊的阿波罗神庙上镌刻着一行字：认识你自己。这是希腊哲学乃至西方哲学的初始之问，也是终极之问。

中国人也说，人贵有自知之明。自知之明本是老子提出的一种智慧，“知人者智，自知者明”。可见，认识自己是人类智慧走向成熟的开始，无论在东方还是西方，莫不如此。

即便处在同一时代、同一地域的人，自出生起也有不同。出生时候的给定条件，其实就构成了所谓命运的一部分，一个人的许多事情都已经被基因定义了，身体素质如何，是高是矮，有哪些可能的遗传疾病，属于什么民族或种族。其他基础环境也是给定的，父母是谁，家境如何，幼儿时期的成长环境如何，教育资源是不是容易获得。这些外部条件如果没有特殊变化，就会稳定一段时间，构成一个人幼儿时期成长的重要因素。还有一些给定条件就是时代和社会的大环境，所处的地方是否和平，社会是否稳定，社会阶层流动性是否充分，自然环境是否恶劣，等等。

我们每个人都是带着这些给定的条件开始自己的人生的。今天的中国社会，正处在快速发展的阶段，发展的不平衡是我们这个时代的典型特征。出生在大城市的年轻人，他们的父母很可能是从小地方一路打拼过来的，无论是求学、打工还是经商，都是靠着个人的努力和奋斗在大城市有了一席之地。这首先就是代际的不平衡，两代人对人生和奋斗有着截然不同的认识。父母依然崇尚不断奋斗的价值，而子女已经开始探索更加多元的人生价值理想了。

我们国家还有不少贫穷落后的地方，经济欠发达地区依然存在，那里的年轻人依然渴望通过延续上一代人的模式，用各种形式的个人奋斗摆脱落后的生活，改变自己乃至家庭的命运。有几所著名中学，号称高考“大厂”，它们每年的考前誓师都能让人体会到那些孩子想要通过高考改变命运、实现阶层跃升的决心。我有一位朋友说，当年他所在的高中是这样动员他们的，“今后你是穿皮鞋还是穿草鞋，就在这一次了”。他的家乡在农村，那个时候基本都穿草鞋。皮鞋草鞋这句话，既形象又残酷，它用速写般的艺术手法勾勒出了两双鞋所代表的不同人生。

随着社会的变迁，在许多地方，这种单一而倔强的奋斗方式与几十年前已有很大不同。刚刚改革开放的年代里，大家都穷，想上大学主要靠自学，不太靠花钱。但今天的情况是，大城市里的家长为了孩子上学和教育不惜血本，而有些困难地区，教育资源严重匮乏，少年儿童还面临着失学的风险。

认识你自己

在这样快速变化而且发展不平衡的社会中，认识自己变得尤其重要。每个人的禀赋、条件、背景千差万别，别人都无法成为自己的出发点，只有自己才是自己的出发点。那么你是从哪里出发的呢？

认识自己，**首先要了解客观的自己**，即上面所说的基因和身体条件，家庭和生长的小环境，所处地区和时代的大环境，等等。我在儿童时期梦想当个航天员，于是在家长单位的图书馆借来许多航天员的书，暑假时在家里读。我看到了航天员抗眩晕的训练，马上意识到我可能不行。我是一个原地转两圈就晕、平衡感比较差的人。那时候我和一群小伙伴爬上墙头，他们在墙上一溜烟地就跑了，我只能慢慢地挪动脚步。所以，我在那个暑假就告别了航天员的梦想，我懵懂地意识到，从自己的身体条件出发，有些工作我是做不了的。

认识自己，**更重要的是认识主观的自己**。主观的自己就是自己的兴趣爱好、性格脾气和思维方式。主观的自己才是真正的自己，而主观的自己有时候难于把握，甚至时不时还会变化。

认识自己一直都在发生，很小的时候，我们都能感受到自己喜欢什么事情、不喜欢什么事情。但是真正认清自己，需要在成年之后人格稳定下来，才能确定地知道自己的秉性。我记得我在十几岁时天天琢磨与宇宙人生有关的事情，但是怎么都琢磨不清楚，脑子里仿佛有一团糨糊。出于好奇心，我找来了许多哲学、人生和宗教的书来读，可是越读越糊涂。那时候的我没有思维的方法，也不太有逻辑，对于事实、情绪、理想、困难都没有适当的认识路径。尤其是那时候的我还没有经历过什么事情，对于社会和人生思考都是凭空想象。人要明白事情，必须经历事情，感觉经验是分析总结的基础。这跟年龄也不见得有直接关系，有的人年纪轻轻就经风雨、见世面，有了很多感悟；有的人一路顺风顺水，环境也比较单一，自然就要体会得慢一些。

自洽，认识并接受自己

现在大部分年轻人要20多岁才步入社会，再经过几年的历练，总要到30岁左右才能对自己和社会形成比较稳定的看法。回头看自己，我在30岁左右发生了一些变化。30岁前，我什么都愿意尝试，但是逐渐地我会发现，有些事我是不喜欢的，可以不必尝试。我依然是一个对新事物有着浓厚兴趣的人，但是我能够更快地判断出这件事是不是我的菜。另外，30岁前，我听到各种意见都觉得挺有道理，也就是说领会和理解能力还不错，但是缺乏自己的判断和批评。而有了一些经历之后，我会觉得有些道理只能挂在嘴边，放在现实是行不通的。

但这并不是说30岁后人就不变了，变化一直存在，只是变化得没那么飘忽、没那么跳跃。人在具备了一些经历之后，加上读书和思考，会产生一些更有效的思维方式，去思考自己、思考社会。这样的思考，会比十几岁时清晰得多。所以十几岁、二十几岁的时候，你觉得有些事情想不明白也别着急，愿意想但是又想不明白是这个年龄段的特征。而且有些事情自己觉得想明白了，也别着急，以后可能还会变的。

正是因为人对自己的认识是不断变化的，所以人在规划设计自己的道路时，需要不断观察自己，不断调整一个一个小目标。现代人的精神危机很多来自不能认识自己，给自己定的目标都是别人说的，想做的事都是别人期望他做的。一个学生，为了父母望子成龙的期望，唯分数论，可能迷失了自我；一个职场奋斗的人，为了所谓社会和亲友的肯定，唯金钱论，唯升职论，忽略了自己的健康、家人和兴趣，乃至丧失了基本的同情心——这些例子在我们身边并不少见。

人是目的本身，而不能是手段和工具，康德的这条理念说出来谁都懂，可是我们常常会迷失在各种所谓的“人生目的”中，成为工具而不自知。在资本的眼中，人成了一个生产要素，叫“劳动力”，甚至有人发问，作为生产要素的我，在公司的资产负债表上到底算资产还是负债呢?

对自己认识的完成，最终体现在接受上

只认识，不接受，还不算完成。比如，我经过多年愉快或者不愉快的经历，认识到自己厌恶压力，对金钱不敏感，只愿意做自己有兴趣和喜欢的事，没有迎难而上的精神，有虚无的思想，不够奋进，等等。这些“缺点”若不愿意承认，我就很拧巴，我就要拗出一种“我不是这样”的姿态；但是，当我接受了自己就是

这样之后，事情反而变得好办了。比如，我厌恶压力，那我就去琢磨一下压力的来源是什么，压力来了我如何拆解和应对，压力之下我要注意不要犯哪些常见的错误。这样一来，我还是那个厌恶压力的人，但是我在面对压力时更从容了。这就像我们先承认森林是容易着火的地方，然后再去分析如何预防、如何管理、如何应急。如果从一开始就咬牙不承认森林容易着火，那么后面的事情也就无从谈起，而森林真的着火时，就是一片混乱了。

在认识自己的基础上，一方面做一些预防性的调整，另一方面也要接受某些具体的事实。比如，我们完全可以接受，有人就是比我身体好，有人就是比我能熬夜，有人就是比我更善于把东西卖出去；同时，你也可以意识到你比大多数人细致，你比大多数人更善于用文字表达，你比大多数人更具同理心。认识并接受自己的特质，从自己出发，做一事有一事的收获，过一日有一日的长进。

今日的社会，喜欢把人排名，搞出各种榜单，让人们争先恐后地去争抢。排名就是鼓励怂恿人去和别人比，这是一个错误的导向。从我们上幼儿园得小红花，到奥运会金牌榜，不都是排名吗？长此以往，我们就养成了一个习惯，见着排名就想往上排，见着榜单就想往高处走。有时候我会反思，我是不是一个见到一根杆就想爬的人？那样不好，我又不是马戏团的猴子。一只猴子见杆就爬，这可能是天性加上训练的条件反射，但是人还是要保持大脑的敏锐和清醒。如果自己不是猴子，就不要见杆就想爬。

珠穆朗玛峰

如果你也喜欢排名，不如给不同时间段的自己排排名，每 5 年一段，你看看第一名是 25 岁的你还是 5 岁的你。

击碎成功之后的幻觉

有些人会在某些事情上实现了他的目标，一般我们把这叫作成功。我其实一直不太理解什么叫成功人士。事情有成功，人有成功吗？人可以在某件事情上成功，却不代表此人事事成功。顺便提一下，我也不理解什么叫“成功人士入住的高尚社区”。你买了好几万一平方米的房子，你就高尚了吗？我记得北岛说，“高尚是高尚者的墓志铭”，自称高尚的社区仿佛也不是很“吉利”。

人在取得了一些成功之后会有一种幻觉，就是自己是成功的，所以我做事都会成功。这样的人恐怕就会有些膨胀，觉得自己什么都可以做，都可以指点、评论一下。有些人在一个行业里做得不错，就觉得自己做别的行业也会成功；有些人在业务上是骨干能手，就觉得自己做管理、去创业也一定能够成功。倒不是说这些人换个行业、换个角色就不能成功，只是在考虑这些问题的时候，不能把“我可以成功”当成唯一重要的论据。觉得自己所到之处都能取得成功，这是另外的一种不认识自己了。

办成了一件复杂的事情，创办了一家赢利的企业，做律师赚到了一些钱和名声，这固然有个人聪明努力的因素，但是超出本人的因素起了更大的作用。个人能做的也不过是因势利导，找到了一些机会，也撞上了一些运气。我们丝毫不低估个人努力和个人才智的作用，只是需要警惕因为做成了几件事，就开始相信“人定胜天”这种不切实际的膨胀。我们需要时时记得，内心深处真诚的谦卑——面对宇宙、世界、社会、生活、成功、他人的谦卑——乃是无价的美德。

从这个角度说，人生很长，长到任何“成功人士”都有失败的时候，长到任何普通人也都有成功的机会。因此，平凡时不自卑，成功时不自矜，从自己出发，又能回归自己，不失为一项智慧人生的修行。

自律是自洽的行为模式

自律和时间管理息息相关。孔子说：“逝者如斯夫，不舍昼夜。”所以我们要抓紧时间。佛经说：“是日已过，命亦随减。”所以我们要认真修行。大道理大家都懂，但是怎么做还是要自己试，找到自己的节奏。时间管理要有自律的精神，这是必需的，但是也得符合自己的习惯。你的睡眠时长，你感觉精力最好的时间段，这些事只有自己最了解。

我来说说自己常见的一天是怎么过的，可以作为参考。常见的一天在不同时候也不一样：2020 年春天常见的一天，与 2021 年肯定是有区别的；家里小孩正常上学和放假在家，对我来说，一天的时间表又是不一样的；遇到一大早要开会，甚至出差，就更不一样了。下面说的是我理想状态下的情况。

2021 年春天以来，我开始执行更早起一些的计划，基本是 6 点之前起来。这和我在喜马拉雅的节目以及本书的写作都有关系。写作是需要独处的，我的白天——一会儿你就看到了——独处的时间太少了。6点前起床，简单洗漱，泡杯茶，开始写作。一般可以写到7点半左右，一个多小时。

7点半到8点半左右，这是亲子时间段。叫醒小孩，吃早饭，送小孩上学，我再骑个共享单车到办公室，骑车时顺便听一些“得到”和“三联中读”的课。有时候我会穿好运动服送孩子，到幼儿园后，我就撒开腿直接跑步一小时左右。加一段跑步，肯定会改变后面的日程，我接下来按照没跑步的日子去说。

一般到8点45分，我已在办公室坐好，泡好一杯茶。我们事务所是9点半上班，工作时间较灵活，一般要10点多同事才开始多起来。所以8点45分到10点又是一个相对安静的时间段。这时，我先看看今天有没有紧急事情需要处理或者回复，如果有就先做了；没有太着急的事，我会利用这段时间录一下喜马拉雅的音频，或者继续早上没有结束的写作，抑或悠闲地写两笔字、画几笔画，为一天工作的开始做一个舒缓愉快的序曲。

10点（有时候不到10点），各种电话、邮件开始进来，忙忙碌碌的工作时间开始了。写邮件、改文件、发账单、开会、见人、打电话，内容从业务到所务，什么事都有。11点多我会看看我的“饭团”在不在，不在的话要点外卖了，因为再晚点餐，外卖就会很忙，送来的时间太晚。

饭团是和我差不多时间入职的一帮小伙伴，我们一起吃午饭也有十好几年了，其中还有我的大学同学，我们18岁就认识了，关系和家人差不多。和饭团吃饭是个乐趣，交流见闻，互相打趣，这是很好的休息和朋友间的情感交流。我的饭团最多时有10个人左右，现在还在君合的有四五人，都是合伙人，大家挺忙，越来越不容易凑齐。如果饭团没人在，我就点个外卖，边吃外卖边打开一个有兴趣的音频或者视频听着，一般都是名师讲课，比如历史、政治、哲学、管理、艺术，杂七杂八，我什么都听。

和饭团吃饭还有个好处，大家吃完了一起走两步，到建国门地铁站的小花园晒晒太阳，看看植物。自己吃外卖，就懒得再下楼，顶多在楼道里走走，把早晨用过的砚台洗洗，看看办公室那几盆花要不要浇点水。

午饭后，犯困的时间到了，我会靠在办公室沙发上眯一会儿。这个眯一会儿的时间不能长，15 分钟为上限，以保证自己在浅睡眠的状态。一旦进入深度睡眠，不仅不容易醒，醒了还很不舒服。

一个小瞌睡醒来，继续热烈地干活、开会、打电话、见人。四五点的时候，有意识地休息一下，找人聊两句，翻两页闲书，然后继续工作。假设这一天的事情可控，差不多到 7 点多的时候可以离开办公室。我们的工作也不一定非要在办公室做，我喜欢在办公室是因为那里更容易让我保持专注。

回家后简单吃点东西，和孩子玩一会儿，陪着她拉拉小提琴或者画画，也可能随便玩点什么、聊点什么。9 点多，孩子去睡了，我再看看需要做点什么：白天工作没做完就继续做；如果上午没有锻炼，又没有今天一定要出去的活儿，我就锻炼一下身体；有时候难得悠闲，听会儿戏，看会儿书。我不喜欢热闹和应酬，每周在外面吃晚饭最多一次，偶尔两次。这些晚饭也都是同事、朋友的聚会，或者和国外来的、外地来的或个人关系好的客户、合作伙伴见一见，基本还属于友情范畴，也许可以促进业务，但是聚会时并没有什么特定的商务目的。

我希望每天晚上 11 点可以上床睡觉，但是不一定做得到，尤其是工作多的时候，尽量不晚于 12 点吧，毕竟第二天还要早起。

以上是我理想的一天，真正能照着上面的安排和时间段过的日子几乎没有，总有这事儿那事儿跳进来捣个乱。把很多日子集合起来看，可以说上面的日程是我的；但是具体到某一天，又好像没有这么理想地度过一次。就像一个完美的圆，是所有圆的集合，但是你单看哪一个圆形都不是一个完美的圆。心灵上所有的改变都得落实到具体的行动上，自洽之后，自律就是在充分认知自己的基础上实现改变的必经之路。

我们在中学哲学课上辩论过，时间是主观的还是客观的。抛开严谨的哲学论证，纯凭感觉，时间既是客观的，也是主观的。说它是客观的，就是时间的流逝不以人的意志为转移，所谓逝者如斯，一江春水向东流；说它是主观的，就是时间的长短、多少、虚实都和人的认识、行为有很大关系。佛教说一念可以入“三世一切劫”，此说虽玄而又玄，却也是另一番观照时间的角度。

最后还得说一句，人不是机器，抓紧时间之余也要有放空的时间。放空就是什么都不想，有点类似于冥想，却也不用打坐。泡一杯茶，似有似无的音乐，脑子里除了当下的感受与茶香、音乐声，其他都不想。这时候，你越想什么都不想，就越会有一些念头像猴子一样跳出来。没关系，不跟随，不评判，这些跳跃的想法就像肥皂泡一样，飘两下就破了。放空是时间的白布，是思维的基底，给自己留点放空的时间，就好像画面上的留白，让观者在纷繁的布局中得以呼吸，就好像没有波纹的湖水，显示出它本来的澄明。

向内探寻自己是良性的内卷

内卷在互联网上变成了一个流行词，无论它的本义是什么，在网上它指的是激烈的内部竞争。

内卷本来是指事物发展到一定阶段，无法向外进化，转而在内部变得更加细化、精致和复杂的过程。内卷的英文是involution，与进化（evolution）相对。

有的文章举例子说，看电影的时候，第一排为了看清楚，站起来了，于是后面每一排都要站起来，这就是内卷。这个例子有偏颇之处，就是电影院有规矩，不能站着看。第一排站起来了，就是违规，因为一部分违规而导致羊群效应，大家都跟着违规，这不是内卷的核心意思。内卷就是在符合规定的范围内进行激烈的内部竞争。这个看电影的例子如果一定要叫内卷，那它应该属于不顾规则的恶性内卷。

内部竞争的"内部"，也是一个诡异的词，从不同的观察点可以看到不同的内部竞争。比如一个单位的部门内部评优，大家感到竞争激烈，都喊“太卷啦”；部门之间评优，各个部门又喊“太卷啦”；这个单位到市场上和其他同行竞争，大家都喊“这个行业太卷啦”；个人上不了理想的学校，学生和家长都喊“这个社会太卷啦”。卷吗？卷！但是从部门到单位，从行业到社会，都在内卷，我们是不是需要调整一下看待内卷的视角？我们是不是把内卷的危害普遍化、扩大化了？

恶性内卷是毫无建设性的竞争

社会的竞争从来都在，市场经济中更是如此。一件事情有竞争并不可怕，我们要回避的是恶性内卷，如同上面说的看电影站起来的违规竞争的例子。还有的恶性内卷是毫无建设性的竞争，靠拍马屁和趋炎附势来获取利益的是恶性内卷，靠互相倾轧来维持组织内部平衡的是恶性内卷，靠布置无意义的工作来占满大家时间的是恶性内卷。遇到恶性内卷，只能是打不起但是躲得起，三十六计走为上，在这样的恶性旋涡里卷上一段时间，人都要卷恶心了。恶性内卷的出现，主要是制度设计问题，或者是领导方式问题。大家最反感的就是恶性内卷，在有恶性内卷的地方，负责制度的人、负责领导的人，有责任改变这个状态。搞恶性内卷还批评别人不参与，是缺乏管理道德的。

在律师事务所这样的地方工作，晋升的道路还是不那么内卷的。在君合，从律师晋升为合伙人，看的主要就是工作成绩，当然人品也不能太奇葩。晋升合伙人并没有什么指标和名额，不论有多少人，够条件了就能上，这条通道的大门总是向每个人敞开的。但是如果是其他类型的组织，晋升可能就成了一个内卷的“绞肉机”。比如某个部门的领导退休了，还有三个副职，那这三位就要好好卷一通了，同时还得提防着不要从其他地方空降来一位新领导。当然，也不能说律师事务所就完全不卷，我也听说，有的地方实习生是没有留用机会的，要努力工作先变成“金牌实习生”，才能争取留用；有的地方律师也是要先竞争当上“金牌律师”，才能有机会申请成为合伙人。于是本来在留用、晋升一个环节上的竞争，通过各种巧立名目，反而大大提前了。如此玩法还可以更加深入，想让大家卷得更厉害，就可以继续设置“银牌律师”“铜牌律师”，先拿铜的，再拿银的，最后拿到金的，才能有晋升资格。这种激烈内卷的职业道路，竟然卷出了一股奥林匹克的味道来。

既然有恶性内卷，有没有良性内卷呢？要我说也是有的。**根据内卷本来的意思，在一个组织不能向前进化，而开始向内细致化的时候，就是内卷**。我认为，一个人就可以构成这样的组织。人经过几百万年的进化——这个进化过程应该还算快速——到现在似乎不怎么进化了，或者进化过程太慢，我们终其一生也无法感知到。在这个时候，我们向内探寻，如何维护自己的身体，如何滋养自己的心灵，如何接纳自己的情绪，如何锻炼自己的思维，这就是经典意义上的内卷，而这个内卷无疑是对我们有好处的。

心理上需要间或躺平

在社会上大家喊内卷，根本原因还是增量的资源变少，努力的边际收益在变小。内卷让人疲惫得不想参与竞争，不想再付出努力，所以又流行起来一个词——躺平。但是在处处内卷的环境里，哪里可以安静地躺平呢？如果身处恶性内卷的小环境，恐怕是连想躺平都不得，只能赶紧就地十八滚，滚出是非之地才算太平。

我有个朋友，天天为了孩子上学的事发愁，到处看学区房，即便政策打压严重，也不能改变他对学区房的信仰。我问他，你到底想要给孩子找什么学校啊？他说，就是最好的，我从小就上县城里最好的学校，后来上省城里最好的中学，这样才考上了北京的大学。我说，你孩子就在北京，他只要正常上学应该有很大概率考上一所北京的大学吧。他说，那不能上普通的大学，然后给我列举了一组北京考生进入“985”“211”大学的数字，并且分析了孩子中学之后出国留学的现状。我说，我们这代人是一路爬梯子向上的，但是今天的孩子不见得如此，他们可以有更多选择，而不是重复那条小镇—省城—北京的道路。他说，不行，小富即安的思想不能有，北京也不是终点，不能在北京躺平。过了几个月，他给我打了一个电话，说：“哥们儿，我躺平了。”我问怎么了，他说，一宿一宿地睡不着，哪儿都不舒服，被家人拉去医院看病，直接诊断为重度躁郁症，医生马上就给开单子住院了。我赶紧安慰他：“你踏实养着吧，听医生的，好好吃药就能好。”他苦笑着说：“我本以为精神病医院里可以躺平，但是我对面床的病人，天天说自己是姜子牙，给这一屋子的人封神，昨天一早封我当财神，下午瞧我不顺眼，又给我免了，我在这儿住院还得打他这个‘封神榜’，世界上真是没有躺平的地方。”我们俩都认为，必须请医生上点技术手段强制“姜子牙”躺平，才能结束这场病房里“封神榜”的内卷。

我是不反对间或躺平一下的，人生不能总是跑着、跳着、站着，生理上需要躺下睡觉，心理上也需要间或躺平。人生际遇，有高歌猛进的时候，有徘徊阻滞的时候，面对环境提供的机会和不时变化的形势，人需要调整，在该进的时候进，在该停的时候停，所谓敌退我进，敌进我退，君子因时而动。

苏格拉底在城邦判决他死刑的时候，有机会逃跑，但他没有跑，而是选择了躺平，情愿一死以达到他心中的正义。孔子说：“道不行，乘桴浮于海。”我的主张没人听，我到海外去躺平。诸葛亮在没有出山的时候是躺平的，“躬耕于南阳，苟全性命于乱世，不求闻达于诸侯”，还自号“卧龙”。你看即使是一条龙，没机会的时候也是卧倒躺平的。陶渊明“误堕尘网中”三十年后，也是回家躺平的，“久在樊笼里，复得返自然”，但这也没有妨碍他写出不朽的诗篇。李白在不顺利的时候时不时也倡导躺平，“但愿长醉不复醒”“明朝散发弄扁舟”。苏轼被贬黄州，也是“长恨此身非我有”，准备“小舟从此逝，江海寄余生”，和孔子、李白一样，弄个船去躺平。

以上这些人，发出过“躺平有理”的呐喊，但却没有一直躺平，他们在人生的奔跑与躺平的纠结里，都做出了惊天动地的大事。可见喊躺平主要还是累了，还是眼下没什么好办法，那就不如躺平了。人都是有自驱力的，没有人可以一直躺平，只要机会一来，躺平的人都会坐起来看看，有的人就直接站起来去抓住机会。人都有累的时候，我们身边哪个朋友说“我好想躺平啊”，你千万别跟他讲年轻人要奋斗的道理，他就是不知道怎么奋斗才有躺平之感。你让他躺一会儿，他自己就起来了。非不让人家躺，就好比熬鹰。熬鹰是一种驯化野鹰的手段，猎人把鹰捕到之后，人不睡觉也不让鹰睡觉，连续10天左右，和鹰熬着，以去除鹰的野性，将其驯服。有朋友心累了想躺平一会儿，你非不让人家躺，你是不是熬鹰呢？这又何苦呢？

高人指点是自我成长的关键

人的成长过程，是一个不断受到启发的过程。启发我们的人，如果是主动给我们点出一些道理的，可以叫高人指点；如果是自己看到谁身上的闪光点，自己体会学习的，可以叫榜样的力量。

高人指点不在于给我们讲明白一个具体的知识和技术，而是从更高、更广的观察角度点出现在的成长位置，指出未来的前进方向。

小学五年级的时候，我参加了一个周末作文辅导班，辅导班的内容就是写作文、讲作文。辅导班上的老师，我印象是个头发花白的爷爷，有一次大家都在低头写作文的时候，他走到我旁边说："你知道你写作文比一般的同学写得好吗？"

我说："不知道。"我是真心不知道，五年级的孩子不会判断自己的水平和位置。

老师用手扫了一下教室，说："你比他们写得好，我就是希望你知道这一点。"说完他就溜达到别处去了。

这是我印象深刻的第一次被高人指点，这句指点只是点明了我的位置，也没什么具体指导，但是从此我对自己写的东西有了更高的要求，开始动脑子想怎么可以写得更好一些。

我的初中是所普通学校，校风良好，但不是重点中学，学校的历史倒是悠久，前身是个教会学校，也出过不少名人。我在初中一年级时成绩不错，但是自己并不清楚，在这样一所普通学校的一个班或者一个年级里，成绩不错能怎么样，中考还挺遥远，也没有认真想过能考上哪所高中。

到初二时，我们换了一个班主任，这个班主任接手以后，大概花了一个多月了解了一下这个班。有一次在楼道里班主任看到我，就随便聊了几句班里的事，然后说："你要把各门功课都好好学，我想让你上四中。"对我这样一个普通学校的学生来说，北京四中是不太敢想的地方。记得我小学时有一次得肺炎，我爸骑车带我去北大第一医院打针，北大第一医院正对着北京四中。我爸指着校门说，这学校很好，你要是好好练篮球就能进去。北京四中的篮球水平一向很高，也十分出名。这就是当年一个普通家庭的家长对四中的想象，自己的孩子除非天赋异禀能把篮球打得特好，否则是没有上四中的机会的。那天晚上，我烧得头昏脑涨，黑灯瞎火地也没看清楚那个好好打篮球就能上的学校长啥样。到了初中，我已经知道了北京四中的大名，而班主任的这句"我想让你上四中"再一次给我指明了位置，这又是一次高人指点。虽然班主任当时也是个年轻老师，但是相对于 13 岁的我，绝对算是高人，这一句指点让我至今难忘。

人生路上处处有高人，不仅仅是在学校里，再说一个前几年的故事。我去参加一个国内律师行业的会议，中午休会吃饭，来自不同事务所的律师们打了饭，随机坐在一起，边吃边聊。有一位律师跟我比较熟，就问我最近在干什么，那些业余爱好还有没有继续。当时我挺忙的，感觉每天时间都不够用，工作很多，孩子一两岁，需要照顾许多事情，总是按下葫芦浮起瓢。我就有点轻轻抱怨地和这位朋友说：“哪有时间啊，都被占了，上班一堆事，下班一堆事，都快烦死我了。”同桌还坐着一位年近花甲的律师，是我们都很尊重的前辈，我和他以前开会时见过，但是并不熟悉，只算点头之交。这位前辈听到我们的聊天，对着和我说话的律师说：“他应该是没什么自己的时间，他正是在爬坡的时候。”然后这位前辈就若无其事地继续吃，可是他这句话在我心里就像点燃了一盏灯，我一下子就豁然开朗了：我说我怎么总觉得没时间，还时不时觉得累呢，原来我是在爬坡呢！前辈随便说的一句话，就指明了我人生中的位置和状态，原来我只是看到了自己眼前的“上班一堆事，下班一堆事”，而没有退后几步看看，我并非在平地上遛弯，而是走在生活的上坡路上。前辈的这句话，我当时很感动，一方面是点醒了我，另一方面也让我感受到一种被理解的温暖。明确地知道自己在爬坡就好办了，可以降低一点速度，可以走得迂回一点，可以扔掉一些暂时不用的装备，春游是怎么爬香山的，我就怎么安排工作和生活，这是不是很简单？

高人给的指点，有时候是有意的，比如我的几位老师；有时候是说者无意听者有心的，比如那位律师前辈的一句点评。而榜样是我们自己主动寻找的，我们要带着一双发现榜样的眼睛，随时随地地感受榜样人物带给我们的启发，才能敏锐地捕捉到向榜样学习的机会。

上高中的时候，有个复印机品牌叫施乐（Xerox），给我的学校提供了一些奖学金。施乐在当年是复印机的绝对垄断者，甚至英文里直接用“Xerox”代替“photocopy”（复印）当动词用，比如，请别人复印东西，直接说“Please Xerox it”，与今天说“我要Google（谷歌）一下”差不多。发奖学金的会场，学校请来一位施乐的负责人讲话，他的讲话风格和学校老师形成了鲜明的对比。他说话的音量不大，态度温和，面含微笑，对同学们充满了尊重。公平地说，北京四中的老师在中学老师的群体里，说话已经算是温柔、礼貌、尊重人的了，但是与这位“施乐先生”相比，我们的老师还是显得革命战斗气息浓郁了一些。我当时就想，原来站在台上也可以这么说话，我今后也要这样。这就是榜样，作为几百个小观众中的一员，我观察到了一个我想学习的点。

2004年，我回到北大法学院主持法学院100周年的晚会，有幸和当时已经是央视著名主持人，也是法学院的师兄撒贝宁同台。我一边主持一边观察，我们每个人手上都有词儿，但是撒老师有时候会脱稿说上几句，既风趣幽默，又充满了对学校的感情和美好回忆。我当时想，这么宏大主题的晚会，原来也可以用这种轻松愉快的风格主持，这样反而让晚会的效果更好了。此后我在公开场合说话，也时不时想想，要是撒老师来会怎么说。

榜样启发有两层作用：初级作用就是，你看到他身上有哪些优点，你就尽量拿来学；高级作用就是，当你不知道怎么说、怎么想、怎么办的时候，你就带入你的榜样，想想要是他面临和你一样的情况，他会怎么办。

我所遇到的高人和榜样，给了我许多生活的启示，我也学着他们的样子和思路，解决了不少自己的困惑和问题。遇到高人、遇到榜样，从而得到启示，首先需要的就是一颗开放的心，愿意请教别人，总能发现周围人的优点，“三人行，必有我师”“远学雷锋赖宁，近学身边典型”。时至今日，我在有机会和各个国家的大律师聊天吃饭时，和各行各业的人交流探讨时，还是不停地用各种具体问题去请教：你觉得事怎么能做好，你觉得人怎么能过好？如此看来，得高人指点，寻榜样示范，是一生都离不开的自我成长的关键法门。

一个人像他的时代，远胜于儿子像他的父亲

认识一个历史人物，先要了解清楚他所处的时代和社会，没有这些信息，一个人物的思想、行为、习惯和决定就只能飘浮在半空，不能落地生根，也没有前后逻辑。人的行为和思想是性格的产物，更是他所处的时代和社会的产物，后者的影响可能还要大一些。有句阿拉伯谚语说：一个人像他的时代，远胜于儿子像他的父亲。

了解自己也是这样，我们需要把自己放在所处时代中去了解。今天，在21世纪第三个十年，生活在中国的我们，处在一个什么样的时代呢？

首先，我们处在一个大体和平的时代，这是中国历史上，尤其是近现代史上少有的时期。在对越自卫反击战以后，我们已经30多年没有直接参加过战争了。虽然国家尚未完全统一，但国内也保持着长期稳定与和平。这种和平的环境促进和维护着社会稳定和经济发展。

生活在一个和平国度的我们，也应注意到世界并不和平，战乱和它带来的人道主义灾难在很多地方持续发生。中国也不是完全太平无事，局部的边境对峙时有发生，甚至造成人民子弟兵牺牲和受伤，邻国的战乱也偶尔把炮弹打到我们的边境线上。如果再看潜在的冲突，环顾我们的陆疆和海疆，可能引发冲突的问题还有不少。和平是珍贵的，也是脆弱的，要保护我们的生活方式和发展方向，必须保卫和平，反对战争和动乱。

其次，我们处在一个商业主导的时代。商业进入了社会生活和个人生活的方方面面，成功的企业家是最受人崇拜的一群人，这些现象在中国历史上是从来没有过的。当今社会，事事离不开商业，事事也都在为商业服务，并成为商业的一部分。赚钱成为无须解释的人生目标，资本的力量和造富的神话时时刺激着人们的神经，燃起人们的希望和欲望，也加剧了人们心中的压力和不平衡。

商业和科技紧密结合，互相促进。巨额资本投入技术进步，技术进步又带来新的商机和商业模式。商业和政治也紧密结合，各国政府最关心的就是就业、税收和货币政策，国家之间的竞争成为招商引资的竞争，成为从制造业到金融业的全面竞争。法律和政策都在给商业开路，保护产权，改善营商环境。一些外国政府被大资本操纵，成为资本力量的代言人。而反资本、反全球化的反作用力也越发强劲，时不时可以在一些国家取得政权，但是无法改变商业主导一切的大势。

再次，我们处在一个世俗的时代。近现代的科学大发展，让人类经历了一场“去魅”的洗礼。马克斯·韦伯说:“从原则上说，再没有什么神秘莫测、无法计算的力量在起作用，人们可以通过计算掌握一切。”当今时代，宗教信仰已经失去了原有的控制地位。20 世纪的战争和灾难，让人们对后起的各种理想和主义也都保持着理性的距离。

在这样的时代里，拜金主义和它衍生出的各种成功学大行其道。这些占据信仰空间的新“信仰”，不仅不能像传统宗教信仰那样舒缓压力，滋润人心，反而加剧了人的不安。于是它的反面也一起出现了，各种心灵鸡汤、改头换面的传统宗教、瑜伽、灵修、马拉松纷纷登场，试图成为这个时代人们心态崩溃之前最后的避难所。

最后说到我们所处的中国。中国的经济总量将达到世界第一已经没有悬念，但是与之相应的科技能力、军事实力和社会发展水平都亟须提高，人均收入的增长还要跨越许多障碍。人口结构不合理，未富先老，未来劳动力的减少是经济增长的重大变量。社会矛盾、生态环境问题还处于多发阶段。

在这样一个时代中的你和我，是不是轮廓就更清晰一些了呢?

只要目前的国际国内秩序得以大体持续，我们就必然会进入这个商业主导的社会，成为某个链条上的一环，这是我们无法回避的时代命运。大部分人会把获取多少财富，或者取得什么样的成功，当作人生目标。当代成功的标准就是财富，或者是财富的等价物，比如权力、职位、名气和流量。在追求财富和财富等价物的过程中，人会焦虑、迷茫，时时与他人比较，缺乏同情心，甚至做出违法或者失德的事来。因此人需要心理建设和内心平衡。

维多利亚港

人类进入现代世界短短的几百年，现代生产方式、组织方式和科学技术已经向人类展示出磅礴的力量，同时，这股力量也是可怕的。须知两次世界大战是在世界进入现代之后才有了发生的可能，并且真的发生了；须知德国纳粹对犹太人的种族大屠杀，就是基于一种所谓的现代基因和种族的恐怖观念，再加上现代的高效组织方式和现代的各种技术，骇人听闻地完成的；须知今天核大国手里的核武器，可以把地球毁灭许多次。我们享受着现代生活的好处，一心想快点“现代化”，但是也必须警惕现代世界与生俱来的各种顽疾。

明白了时代给予我们的各种预设，我们是否可以更清楚地、主动地考虑一番：一方面，作为商业社会中的一环，我追求什么？是财富本身、权力还是名气？另一方面，作为一个人，我要保持什么，我不能失去的是什么？是独立的判断、反思的能力，还是内心的丰富与平静，抑或爱情、亲情和友情？

这是时代给我们的预设，也是时代给我们的课题。假设有命运这回事，生在这个商业时代就是我们命运的一部分。我们接受商业时代赋予我们的前提，我们必须投身于这个时代，在商业社会的炼丹炉里炼一炼、烧一烧；我们也与商业时代抗衡，不让它把自己彻底变成一个它所需要的零件或商品，保持人生的本原和生活的丰满，积累财富而不被物欲束缚。投身于这个时代，又抗拒着这个时代，首鼠两端的分裂，蚍蜉撼树般的不自量力，炼丹炉里走一遭，孙悟空还是孙悟空，这样的人生应该会挺精彩吧！

第二章

选择，从实际出发，从自己出发

机会是试出来的，不是想出来的

曾有年轻人问我：我有许多喜欢的事、想做的事，不知道做哪一件，怎么办？我说：随便找一件，做就对了。

很多事情最难的是开始。千里之行，始于足下。第一步迈不出去，这场旅程就不会开始。面对许多机会和许多选择的时候，纠结来纠结去，纠结个一年半载也是空耗时光。

想练习跑步吗？想的时候就去，马上去。不要纠结我要买双新跑鞋，我要找条好线路，就穿上你最方便的鞋，马上在你们家楼下跑起来，今天一公里，后天两公里，一个月你就能跑五公里了。

想新学一门外语吗？马上报一个离家不太远的班，这个周末就去学。想做个主播、UP 主[①]吗？现在就架起手机，录音、拍摄，不够好不要紧，一次会比一次好。只要开始做，就总比纠结强。

---

① UP 主，网络流行词，指在视频网站、论坛等上传音视频文件的人。——编者注

纠结的人，无非就是纠结不知道做哪件，所以哪件容易就开始做哪件；纠结的人，无非就是不知道有什么意义，所以你喜欢、你想做就是意义；纠结的人，无非就是不知道能不能坚持做下去，能不能做出点成果来，这就更需要你先开始，才能谈坚持、谈成果。

我原来也是一个喜欢想周全了再开始的人。我上面说的这些纠结都是我有过的：先买鞋再跑步吧；我又不专业，在网上录小说，有什么意义呢？也不知道出于什么原因，我就开始了，有了第一次，就有下一次，多来几次，一个习惯就养成了。

人生不是战争，不求事事都能提前“庙算”胜出。有些事试了试不行，那也就不行了，没有无法回头和万劫不复，但是万一行了呢？生活也没有完全准备好了再行动这回事，无论是上学、就业、恋爱、婚姻还是生孩子，也都是考虑差不多，大概率靠谱，就可以做了。犹豫来犹豫去，总说我还没想好、没想明白，那就一直都在内耗空转无法开始，其实谁都没有百分之百想明白的那一天。

有些事刚开始做时平淡无奇，没什么动静，但是你不知道这开始做的种子，在什么时候遇到合适的阳光雨露就发芽了。前几年我只是在朋友的鼓励下，录了几段自己喜欢的小说，放到了网络电台上，有些听众关注，但是也没什么特殊之处。后来我拍了个综艺节目，有些饶有兴趣的观众发现我虽然没什么社交媒体，但是在网络电台上播过小说，于是一些热心的观众涌进了电台给我留言。我当时正苦于没有与观众沟通的合适渠道，网络电台留言激增，让我一下子受到了启发，真是远在天边，近在眼前，这不就是我和观众沟通最方便、最自然的方式吗？于是我开始每周播送《层楼欲说茶滋味》的成长节目，栏目开播的时候我就说，大家应该多多尝试自己喜欢的事情，你种下一颗种子，不知道什么时候就长成了一座小花园。

机会都是试出来的，不是想出来的，好谋而无断，是不可取的。如何能“断”呢？就是靠行动。行动是治疗想法太多带来的选择焦虑的最好解药。

当然，一件重要的事情，真正付诸行动，还需要周密安排，做就要尽量做好。正所谓“战略上藐视敌人，战术上重视敌人”。战略上藐视敌人，就是不要把一件事想得过重，困难估计得过大，要有一种“这有什么了不起，别人行我也行”的气概；战术上重视敌人，就是要把具体做事的方式、步骤、时间安排好，认真对待。

学生和职场新人找工作，也是一个道理。要多尝试，没有比亲身体验更能说服人的选择了。我虽然没换过工作，一直在同一家律师事务所，但是我在大学里还是有过一些其他工作体验的：我在中央企业的法务部实习过；在其他律所实习过；在广告公司主持产品发布会赚零花钱；我给一对双胞胎兄弟补课一年多，负责讲所有文科；我还在当时的西单商场站柜台卖过计算机。

这些经历时间长短不一，但是每段经历都能让我有独特的收获。比如，我当时站柜台一个月，一台计算机都没卖出去，我大概知道我不是一个销售天才，当然，我当时卖的是 IBM 最高端的台式机，一台就要 2 万多元，没卖出去也没有那么丢人。

人的时间和经历毕竟是有限的，不可能尝试特别多的事情。所以一旦发现不对头，就可以停止了。我见过几位很棒的律师，当年他们在其他事务所的第一份实习工作只干了一天，甚至还有只干了半天的。原因就是他们迅速地发现，这个地方的工作内容、环境、要求不是自己想要的，实习的机会和时间都有限，所以需要停下这个，再找新的。能够果断地不做什么和果断地去做什么，是一样重要的能力。

年少成名可能是祝福，也可能是诅咒

三十而立，孔子说的，很多人也跟着说。孔子是说他自己，“十有五而志于学，三十而立，四十而不惑，五十而知天命，六十而耳顺，七十而从心所欲，不逾矩”。考虑到孔子活了 70 多岁，这应该是他晚年的话，在人生的末尾回顾自己的一生，将自己的人生划分了几个阶段。

这是夫子自道，他自己是这么成长的。孔子没告诉别人，你要三十而立，也没有从普遍意义上说，一个人就应该三十而立。再说，什么是“立”呢？有人又开始解释，“立”就是成家立业，具体就是结婚、买房、年薪百万。这个解释就不靠谱了，首先人家孔子 19 岁就结婚了，结婚算立，那孔子应该二十而立。我猜孔子也是不喜好买房子的，一个周游列国的人买房子干吗？你去曲阜看的那个孔庙是后盖的，孔仲尼肯定没住过那样的房子。你说他是去各国看房产吗？但是没有飞机、高铁的时代，跑到各处置业炒房，似乎也不现实。孔子的钱挣得多不多？有人说多，他又当官，又教书收学费，应该是个富人。但是孔子从来不教导人要年薪百万，子曰:“君子谋道不谋食……忧道不忧贫。”

孔子在“三十而立”这句话中，与“立”并列的词还有：志于学、不惑、知天命、耳顺、从心所欲、不逾矩，说的都是内心的问题，比如志向、哲学，怎么今天就解释成到了 30 岁说的就是物质条件了呢？从这个思路反推，这个“三十而立”就不应该是成家立业的意思。从上下文的一致性看，这个“立”是在说人生志向之立，人生观、世界观、价值观的“三观”之立，孔子个人的学说和思想之立。

谁再引用《论语》说“三十而立”，比如“你今年 28 岁了，所以要怎么怎么着”，你心里要明白，这人没把《论语》读明白，就自诩为孔子的发言人了。

“三十而立”本来是催人成家立业的“鸡血”，到我们这个时代都已经变成慰藉人的“鸡汤”了，因为现在更讲究成名要早、发财要早。科技飞跃加上资本市场的推动，让年少的富豪变成可能。过去所有年少富豪都是继承的，没有自己干出来的，因为财富积累需要时间。一些年少成功的创业者，公司上了市，自己排进了富豪榜，这些新闻都非常吸引眼球，刺激着人们的神经。25 岁没发财，人们都开始用“别着急，三十而立”来安慰你了。

中国人仿佛一直就有一种年少成名的迷思。传统相声名段《八扇屏》是这样展现中国民间文艺对年少成名的想象的：

> 大宋朝文彦博，幼儿倒有灌穴浮球之智。司马温公，倒

有破瓮救儿之谋。汉孔融，四岁就懂让梨逊之礼。十三郎五岁朝天。唐刘晏七岁举翰林，汉黄香九岁温席奉亲。秦甘罗十二岁有宰相之才。吴周瑜一十三岁拜为水军都督，统带千军万马，执掌六郡八十一州之兵权，使苦肉，献连环，借东风，烧战船，使曹操望风鼠窜，险些丧命江南。虽有卧龙、凤雏之相帮，那周瑜也算小孩子中之魁首。

除了前三句话关于文彦博、司马光和孔融的传说还有点影子，其他的年少成名一看就不靠谱，是街头文艺信口开河，但是人民群众喜闻乐见。

连一向可以冷眼旁观很多世事的张爱玲都说："出名要趁早啊！来得太晚的话，快乐也不那么痛快。"张爱玲出名的确是早，二十出头就声名鹊起。她的成名在某种意义上挽救了她不幸福的青少年时期，她更有一种世事无常、及时行乐的不安全感，如同她在《倾城之恋》中所写下的："在这动荡的世界里，钱财，地产，天长地久的一切，全不可靠了。"

有着艺术或文学天赋的青少年是容易年少成名的，但年少成名可以是一种祝福，也可以是一种诅咒。还没有经历社会的年轻人，面对突然而至的名声和财富，如何把握自己，是一道超过年龄水平的难题。著名歌星贾斯汀·比伯承认年少成名带给他的压力和负担，最终导致他抑郁、滥用药物和人际关系崩溃。他说，理智和决策能力是和年龄一起增长的。关注一下与童星有关的统计数据就可以知道，他们的成长面临了多少不可承受之重。

我在中学、大学里，也遇到过不少“少年才俊”“青年才俊”，他们也都是一时无两的风云人物，令人瞩目。这些同学、朋友后来如何了呢？那些在自己的工作岗位踏踏实实做事的人还都不错，有的成了知名大律师，有的成了成功的企业家，有的成了著名高校的老师，而也有几个早年间起点很高，发展得很快，总是先人一步、顺风顺水的人，已经出现在“反腐败”“经济案件”的新闻报道中。每每看到这些，不由让人觉得惋惜，当年顶尖的学历、高高在上的职位或者令人艳羡的薪水，没有成为加持他们人生的护身符，却成了让他们失去方向的迷魂汤。

与年少成名相比，有些人更欣赏大器晚成。我们也可以举出许多 40 岁之前还默默无闻，后来做出伟大事情的人。但是，人的一生除了年少成名和大器晚成，就没有其他有意义的事了吗？疯狂地追求年少成名固然不健康，但是笃定没有年少成名的自己一定大器晚成，也是不理性的。绝大部分人的人生还是平凡中见精神，平凡中见幸福，即便是成了名的少年和晚成了的“大器”也会发现，日子还要一天天过，名声带来的好处是暂时的，负担却是长久的。对年少成名和大器晚成的过分期许，都是有损幸福的。

不要给自己设限，是机缘就要善用

术业有专攻，今天的时代已经很难有达·芬奇那样艺术、科技、生物、医学都很精通的人才。大学生和职场新人的普遍焦虑之一就是选专业和转专业的问题。

因“好找工作”而被抛弃的理想

先拿我举例子。人生第一次选专业应该是文理分班。高中时选文科是因为我偏科，数学尤其不行，主要原因是我不爱做题，学好数学这东西，就是用题海战术，没什么难的。我发现只要我好好做练习题，分数就能上来，不好好做就不行，但我就是懒得做。我宁愿熬夜看闲书，也不愿意做数学题。

报志愿的时候，其实我最想报历史系或者考古系，但是觉得还要好找工作，就忍痛没报，在经济系和法律系中间犹豫了一下。我妈说，数学不好别学经济了，我就报了法律系。

话说当年我很想报历史系或考古系，是受到樊锦诗老师的激励。她毕业于北大历史系考古专业，在敦煌研究了一辈子，我考大学那年她当了敦煌研究院院长。我当时非常想从事她的事业，甚至想接她的班，幻想着在青灯古佛的陪伴下著书立说。这个美好的理想就因为“好找工作”四个字被我抛弃了，但是这个遗憾并没散去。2019 年年底，年逾八旬的樊锦诗老师出版了她的自传《我心归处是敦煌》，我赶紧买来拜读。我本以为学历史、学考古这件心事已经过去了，可是 22 年后，我读到樊老师讲她考上向往的历史系的心情的时候，我的眼泪就流出来了，真是滚烫的眼泪。我选择法律，从事今天的工作，没有什么可抱怨的，但是那个曾经放下的梦想从来不会真正离开你，只会被深深埋藏。李宗盛唱得好，“还记得年少时的梦吗，像朵永远不凋零的花”（《爱的代价》）。

我大学毕业时，再次面临选择，做律师只是其中之一。我考过公务员，但是没有认真准备，不知道申论的体例，没考及格；我考过国有银行和企业，都没成功。有些年轻朋友问我，你怎么怀抱做律师的理想坚持到今天的，我只能老实地说，这不是我的理想，只是当年没有地方要我，而君合收留了我。这是一句玩笑，但我也说得十分真诚。

可是，这都是我个人的经历和际遇，不是你的，没有什么参考价值。非要抽象出点道理来，那就是：第一，做自己喜欢的事，比如我学文不学理。第二，从自己出发，从实际出发。如果我是“富二代”，也许我就去历史系了，谁知道呢？很幸运，我不是，我才走出了一条自己也没想到的路。第三，多尝试，如果不是到处投简历，我怎么知道有些地方不要我，又怎么知道这家事务所和我投脾气呢？

一次选择不能定终生

我身边的律师同事和朋友中，从专业上看，学法律的很多，但是原来学化工的、学工程机械的、学生物的、学外语的、学数学的，大有人在；从工作经历上看，做过销售的、做过技术的、教过书的、当过兵的，也是什么都有。再看我们当年的法律系同学，后来做律师的很多，但是做企业的、做老师的、做官的、做学问的也比比皆是。每个专业都对应着许多职业，而每个职业也对应着许多专业，并不是华山一条路。

我高中时候有个同班好友，这里就叫他“巴菲特”吧，和我一起在北大学了一年法律，就去英国伦敦政治经济学院读书了。他当时选了哲学系，我问他为啥选哲学，他说，因为难啊。大家看看，真学霸就是这样的，他不考虑就业，甚至都没太考虑兴趣，只选难的。他在哲学系学习，还从事社团工作，当了学校哈耶克学会的主席。哈耶克和伦敦政治经济学院有很深的渊源，哈耶克学会在学校里也是很了不起的社团。

到了找工作的时候，“巴菲特”申请的都是国际著名投资银行。我问他，面试时会问与金融相关的问题吗？这不是你的专业，你怎么回答？他说，其实平时看看《金融时报》《经济学人》两份报刊就够了。就这样，靠着两份报刊，他直接被国际顶尖投资银行录取，并留在伦敦工作。当年，从中国内地求学出来，在伦敦找到这样工作的的确是凤毛麟角。

但是“巴菲特”的转换还没有结束，他后来又跳去私募股权投资基金，做了几年后，又去了对冲基金，直接杀进了二级市场，这就是我叫他“巴菲特”的原因。他服务的对冲基金主动清盘之后，他又开办了自己的对冲基金，不仅要做专业投资分析，还要做管理、找投资。“巴菲特”的几次人生路径切换看得我既惊讶又敬佩，与他相比，我在一家事务所一待20年，显得太懒散、太保守了。

当然，“巴菲特”是罕见的学霸，复制他的经历很难，但是他的故事却给人很多启发。不要怕难，不要保守，该切换就切换，每个人在自己的能力范围内，甚至稍稍超出一些能力范围，都可以有这样的决心和适应力。

我做律师这个职业，也是从做文本的律师开始，变成能谈判的律师；从做矿业的律师起步，变成懂高科技的律师；从做业务的律师摸索，变成既要学点管理，又要会面试、招聘、开发、收账的合伙人。我在英国是学欧洲法的，这些事哪一件跟欧洲法有关系呢？

我们的事务所里，有一位合伙人是理工科的博士，从自己的研究领域引发了对相关法律问题的兴趣，考取了律师资格，先进入国际事务所，后来又加入君合。他丝毫不以非法律专业出身而感到局促，反而拥有比文科生更全面的知识结构。每当我们在一起聊天或者招聘，聊起“法学院”这个词的时候，他都会幽默地说：“什么叫法学院？”这是非常高级的幽默，一句话里既带着自嘲，又带着自信。我最喜欢听这个博士抖这个“什么叫法学院”的包袱。

我的一位同事有句名言，律师成为合伙人后，要想做好，就必须明白一个道理：你换工作了。这句话说得多好啊。每个人在职业道路上前进，总会进入不同的阶段，接触不同的领域，交往不同的同事，哪怕就在同一个单位、同一个部门，我们都应该常常运用“换工作了”的思维去看待人和事。工作内容不是一成不变的，学过的专业也不是可以抱住啃一辈子的。有机会学习就多学习，艺不压身，总有你感谢自己当年没有闲待着，还是学了点东西、做了点事的时候。

历史上的大作家、科学家、哲学家转换专业的更是不胜枚举。胡适最开始学的是农学，鲁迅早先学的是医学，英国哲学家约翰·洛克原本也是医生，著名科学家法拉第原本是装订工人，摩尔斯电码的发明者塞缪尔·摩尔斯是画家，而本杰明·富兰克林连一天中学都没上过。人在年轻的时候，首先接触到什么专业，有很多是机缘，是机缘就要善用，让这个早先的专业成为自己综合知识体系中的一部分，但是又不要因此给自己设限，让早先学习的专业变成日后进步的包袱和障碍。

跟选专业相关还有一个维度，就是行业。你如果学人力资源，可以去不同企业做人事，而你工作的企业所处的行业，和你的人力资源专业就没有直接关系了。你要想成长快，还得在一个成长空间好的行业里。你要是会看行业成长，你就了不起了，因为买股票也是这个思路。买你看好的行业的龙头，然后重仓买入，最重的仓就是把你自己也押上。

学什么专业，做什么职业，选什么行业，人生的题目多着呢。这么说可不是让你泄气，而是让你放松，因为一时的选择不是永远，一次的选择也不能定终生。即便现在你选了满意的专业，你也得不断学习，保持敏锐，提高专业内外的能力，才能让你对自己满意。对，自己满意。我们好好学习、天天向上不是为别人，是让自己觉得舒服和满意。

如果还不知道怎么选专业，可以参考榜样学习法，找个榜样，按他的路子走。过去我组里的一个小朋友对我说，做律师感到迷茫，不知道要不要尝试其他行业。我说你看见肖微律师没有，在这行里，做到最好就像他那样，你努力一辈子，成为他那样会满意吗？满意就好好努力，如果成为肖律师你都不满意，就赶紧转行。后来他转行了，希望肖律师不要不开心。

留学镀的是眼界的金

如果问我，年轻人是不是应该出国读个书，在不考虑任何限制条件时，我一定会回答，应该。对外国的了解，出国读书是出国旅游无法比拟的。在国外读个书，生活一两年，看世界、看中国、看自己的眼光和思维自然都会有不少的变化。当然还有更能了解外国社会的方式，就是出国工作，但是对大部分人来说，这并不是一个方便的选择，还是出国读个书来得方便。

为什么要去了解国外的社会生活呢？这一定不是必需的，但一定是有益的。即便我们一辈子没有去过外国，也不影响我们好好生活、好好工作，甚至成就伟大的事业。比如大哲学家康德，一辈子也没有离开过他的家乡——德国小镇柯尼斯堡（今属俄罗斯），更不要说出国了。这完全不影响他的思想超越国界、超越历史。可是，今天我们生活在一个全球化的世界中，每天接收大量来自世界各地的信息，对别人的生活有兴趣，是再正常不过的好奇心和求知心了。不去真正地换个环境生活还真难以感受，原来人和人的想法和习惯可以这么不一样，原来人和人无论种族和文化多么不同，一些基本的情感和价值又是这么相通。

在一个地方读书，和到同一个地方旅游，感受可以说是完全不一样的。大多数时候，旅游的感觉会更好，毕竟你是要去那里花钱消费，甚至享受去了。留学就完全不同了，除了少数根本不差钱的人，大部分年轻人都是手拿有限的预算，盘算着留学余下的日子，精打细算地过日子。

你要租房子，找一个位置合适、装修良好、预算适中的地方，这就不同于你在爱彼迎上浏览各种海景房、度假别墅和充满了艺术气息的小屋。

你要喂饱自己，或者自己做饭，或者在一些简单餐厅就餐，这就不同于旅游时你在超市和市场里选购当地特色和高级的食材，也不同于你按照旅行指南去尝试那些星级的推荐餐厅。

你要出门上学，就需要研究各种公交、地铁的路线，怎么买票合算，月票年票都要了解一下，这就不同于你在伦敦要体验一下 black cab（黑色出租车），在威尼斯要坐一下贡朵拉。

留学的你，还要办理手机开户、网络开户、交水费、买燃气，还可能经历搬家、换房子；你可能遇到友爱的邻里互助，也可能遇到恼人的邻里纠纷。学校里的课程、作业、考试、活动，都是以外语和外国人的行事方式进行的。这些事，一桩桩一件件，就是我们深入外国社会，观察和体验外国社会的目标内容。

我在英国留学结束后，10 年都没有再去，到 2013 年再到伦敦出差时，感觉真是又亲切又好玩，和留学时那种每天低头走路，盘算着买什么菜、明天吃什么、那么贵的书到底买不买的感觉，是完全不一样的。

选择恰当的时间点

留学应该去，但是什么时间去，是个令人挠头的问题，同时还有一个连带问题——花谁的钱去。工作之前就去留学有个好处，就是先把这件事了了，以后工作就不太会惦记自己还差一个海外学历没拿。但是也有问题，就是不知道到底应该学什么。我在英国是学欧洲法的，纯粹出于兴趣，但是回来后几乎用不上。我工作几年后也想过，我应该先工作再留学，这样学的专业会更有针对性。不过现在我的想法又变回去了，我觉得学欧洲法挺好，用得上用不上是次要的事情。

工作几年后再去留学，不仅所学更有针对性，而且工作过，自己有点积蓄，生活起来可能宽裕一些，人也更加成熟，到国外生活、办事、交朋友都更稳当。我是大学一毕业就出国的，当时 22 岁，以前没有独立生活过，大学四年即便不在家里住，也是在学校里住宿舍、吃食堂，算不上独立生活。到英国后，我面对的最大困难是生活问题，怎么过日子，怎么花钱，怎么吃得饱一点（食堂里的食物不习惯，分量也小）。

我那会儿也不太会交朋友，主要还是跟几个中国同学玩，一起做做饭。我选欧洲法方向的一个原因是，它的课堂上没有中国同学，完全断了我靠说中文解决学习问题的路。选课的时候，我也试听过那些热门课程，如世界贸易组织法律、国际仲裁、国际投资等，那些大课动不动就好几十人，还有不少中国同学，当时我就感觉，这么上课和我在国内上大学区别不大。欧洲法的课程就不同，一般就十几个人，多了也就 20 多个人，别说中国同学，连一个黑头发的同学都没有。这么选课也是自己找罪受，我发现如果一个概念没听懂，我都无法找到一个能用母语给我讲清楚的人。老师、同学、课本都是用英语重复多次这个概念，我不懂还是不懂，或者说有些词没有对应到中文上，就总是觉得隔着一层没有理解。

工作后去留学也有缺点，主要就是会中断自己的职业进程。留学一两年回来，需要重新适应，重新开始。当然也有不少年轻人通过留学换了工作，换了行业，甚至留在国外发展，这也都是留学提供的新机遇。机会可以把握，却难以事前全部计划好。

我是 2002 年秋天到 2004 年年初在英国上学的。那个时候自费留学生开始迅速增多，但是规模和现在还是无法同日而语。留学的时候，有中国同学很好，可以互相帮衬，但是也不要天天聚在一起，变成一个小“唐人街”，还是要多接触当地社会和当地人。我当时虽然有要好的同学在英国，但是他们有的工作了，要上班，有的不在一个城市，只能偶尔坐火车过来聚聚，这反而促使我去多看看英国的情况，而不是仅仅三五好友拴在一起。

虽然身处国外，但想要退缩到一个自己文化和语言的小圈子也是很容易的。有一次我等地铁去机场接朋友，虽然是同一条线路的地铁，但是有的车到机场，有的车去的是另外一个终点，每次车进站都会有广播，要听清楚再决定上不上。当时我身边站着一个叔叔，他是中国来的，听到广播后就问我：“您说中文吗，这车到不到机场？”我说这车不到。于是我就和他聊天，他说他过去是很有名的烤鸭店的厨师，10 年前来伦敦中国城工作。我当时有点惊讶，他都来了 10 年了，地铁的广播还听不懂。他可能看出了我的惊讶，接着说：“这么多年我就是和餐厅的同事在一起生活，上下班都在一起，英语根本就不会，坐地铁也听不懂。”

留学带来的收获

留学能带来什么收获呢？专业学习实际上是次要的。大部分人不是去麻省理工搞一个其他地方搞不出来的研究，而是去拿一个国外学校的学位。拿学位这件事真的不难，现在许多国家都把留学生做成产业，留学生学费是它们重要的资金来源。我在英国时帮学校算过账，英国人交的学费很低，其他欧盟国家的学生也要根据欧盟相关法规一视同仁，学费和英国学生差不多，高昂的学费只能是亚、非、拉美的同学出。出于这个原因，外国学校也实在不愿意给中国同学挂科，差不多能毕业的人最终也都会毕业。何况在国外所学的专业，也不见得回来就能用得上，所以专业学习更多是丰富了学术知识，拿到了一个更高或更好的学位，但这还不是主要的收获。

主要收获是外语水平提高了吗？也不是。留学生的生活还是比较简单的，外语的使用无外乎是与专业课相关的一些内容，以

温莎古堡

及日常生活买菜做饭的内容，何况现在很多事情都可以网上办，不说话点点手机就完成了。过去我偶尔叫一次出租车，每次都担心自己说不清楚要去哪儿，现在我在欧美出差，有时候留学生带着我打个车，就叫优步，起点终点都设好了，全程可以不说一句话。留学时如果不是特别用心地学外语，外语水平提高得也非常有限。不要以为到了国外有了所谓的语言环境，就算你呼吸着它们的空气，英语也能自动提高，没有这回事。话说回来，特别用心地学外语，哪儿都不去一样可以提高很快。我见过不少没有留过学的同学，外语水平很好，也见过一些出去了一两年，学位拿回来了，说外语还磕磕巴巴的同学。

留学经历可以锻炼一些语言能力，更重要的是能够熟悉其他国家人的思维方式。检验留学的成果有一个好玩的方法。如今网上充满了各种以外国名人的名义写的文章，传播很广。如果你读一两遍就能判断出这是国人写手假托外国人名义写的，说明你对特定文化和人群思维方式的了解有了一定水平。

在我看来，留学最大的收获是人生经历的收获。在异国他乡不同文化背景下，去学习，去生活，去观察，发现原来生活方式可以如此不同，原来价值观可以如此多元，原来所谓西方发达国家之间也是如此不一样，它们也有各自难以克服的社会痼疾，原来中国、中国人、中国文化在离开了本土后，是这样被看待、被保留、被评价的。

对个人而言，留学的意义就是去了，看了，体会了。如果一定要把留学说成镀金，那么留学所镀的金不在学历、不在外语，留学真正给人镀上的是眼界的金，是胸怀的金。留学生能否做出更大的事业，回到国内为国家和社会做出更大贡献，那更要靠回来后的努力。唐僧去印度取经 17 年，如果他回来后不去翻译带回的佛经，那这场西行充其量也就是他个人的宝贵经历，他真正的伟大事业是取经之后，而不是取经本身。

有机会留学，应该去，至少是难得的人生经历。但是留学能解决什么具体问题，留学对日后的职业发展有什么帮助，还是要看回来后的努力和机遇。

创业是人生选择的一种

《三国演义》我从小就爱读，如今再翻看，看到的都是创业的故事。每个诸侯和每支势力如同一家创业公司，有一个核心的领导人，有一群围着他的武将和谋士，正如公司里的主导者和创业小伙伴。有的人是白手起家，如吕布、刘备；有的人是“官二代”“富二代”，如曹操、孙氏兄弟、袁氏兄弟。

有时我会想，把刘、关、张放到今天来，他们会是现代商业中的英雄吗？刘备也许真的可以，他的机灵、圆滑、低姿态、会用人的确是商业社会里需要的情商和素养。关羽如果没有了青龙偃月刀和赤兔马，那就平凡了很多，可是以他靠谱的性格，无论在企业、机关、部队里都应该是个有威信的中层干部。张飞虽然鲁莽，却敢拼敢闯，在二手车交易市场应该很能吃得开。

《三国演义》里的诸位创业英雄，很少有生下来就决心要拉出一支部队逐鹿中原的，多数人都是在形势逼人、机缘巧合的时候扯起大旗来的。正如梁山一百零八个好汉，也没有谁是立志做强盗的，被逼上梁山的不仅仅是豹子头林冲一人。

今天的创业者则不同，有的人是各种机会凑在一起就出来创业了，有的人一直都有颗创业的心，从学生时代就开始倒腾各种事情，心里瞄着富豪榜，想着“王侯将相，宁有种乎”。我问过不少身边创业的朋友一个问题：你觉得什么人适合创业？大家的答案差不多，就是没有适合不适合的问题，在创业的竞技场上，什么样的人都有。

我适合创业吗？有时候我也问自己。好像不适合，因为毕竟过去20年我都在一家事务所里工作，摩羯座的律师，应该是满分的风险厌恶型人格。而且我这个人不喜欢为难自己，也不喜欢为难别人，创业中可能有更多需要逼一逼自己的时刻吧。还有一点就是我对数字和金钱不是特别敏感，不是说我不爱钱、不缺钱，钱这东西谁不缺、谁不爱呢？只是我见过许多对数字和金钱的感觉更灵敏、算账算得更好更细的人。

以上都是我没有创业的理由，或者说借口，我相信创业人士里，有的是比我更厌恶风险、比我更佛系、比我更不爱算钱的人。创业不创业，也是人生命运的一部分。去创业的人，自然能找出许多理由说，你看他就是会去创业的人；没创业的人，也同样能找出许多理由来证明这个人不适合创业。所有还没有去创业的人，是无法预料有一天自己会不会在一个点子的启发下、在一股热情的激励下、在一帮朋友的怂恿下，迈出创业这一步的。

那么你适合创业、应该创业吗？我相信有些人已经问过自己好多遍了。工作难找，打工辛苦成狗，都时不时会让人想，不如自己去干一摊儿事情算了。我认识几位朋友，也就是因为上一个工作做得不爽了，想想这事我也会干啊，于是就出来自己干了，也都干得挺好。

创业者在成熟的同时也要保持单纯

有创业想法的年轻人，不妨考虑考虑以下几个事情，以做出征之前的“庙算”。

一是热情的自律。创业需要热情，甚至激情，更有甚者是虽千万人吾往矣的决心，但同时也需要一种自律的精神。自己给自己做老板，没有人盯着你的考勤、评价，没有人关注你是否勤奋、认真，最终都是由企业和市场来检验，没有些自律的定力是不行的。我感觉，虽然上班很辛苦，工作时间很长，但是消耗的精力有时候不如我在读研究生的时候。我在英国的研究生课程，每周只有 4 门课，一门课两个小时，每周需要上课的时间只有 8 个小时，其他时间都是在阅读和写作。每天要求自己读多少、写多少，全看自己对自己的要求，因为你完不成，也没人较真，下节课摸鱼总能摸到。自律是一件很消耗能量的事情，每天在没有别人督促的情况下自己按时间表做事，需要消耗不少内力。这和工作一忙就锻炼得少是一个道理，工作忙，时间少，但是不至于半小时、一小时都抽不出来，其实是工作忙消耗了许多能量，让人无法聚集起足够的自律能量去锻炼。

二是大胆的谨慎。胆子过小的人是不会出来创业的。创业者都是具有企业家精神的人，不惧风险，在普通人眼里都是胆大的。但是创业者也必须是谨慎的，不能犯颠覆性的错误。如果把红军看成一支创业者的队伍——当然他们开创的是开天辟地的事业，那么在中央革命根据地第五次反“围剿”的战争中，那些激进、教条的错误指挥就是颠覆性的错误，差点让红军把所有“本钱”赔光。如果不是遵义会议能够在生死存亡的关头纠正这个错误，那么红军的历史和党的历史真的会被改写。

有些创业者是拿着投资人的钱在做事，有些创业者是用自己的钱在运营。无论哪种方式，都需要创业者有非常谨慎的财务原则。现在一提创业，人们就想到一个词——烧钱。有些行业可能就是以烧钱为基本玩法的，但是还有更多的行业不能靠烧钱，而是要靠经营、靠服务、靠技术。只会烧钱不会挣钱的创业者，不像是企业家，更像是探险家。

三是单纯的成熟。创业的人需要成熟，过于简单幼稚的人是挑不起创业的担子的。创业者对内对外要和许多人打交道，没有成熟稳定的情绪和情商，是不容易获得周围人支持的。

刘备作为一个白手起家的创业者，兵少，地盘小，常常寄人篱下。但是他有一个突出的优点：心智成熟，情商圆融。刘备会做人，情商高，是袁绍、孙权这些“官二代”望尘莫及的。

曹操和刘备“青梅煮酒论英雄”，刘备把天下英雄都说遍了，也不说自己。直到曹操说出那句“天下英雄，唯使君与操耳”直接点破，刘备吓了一跳，筷子都扔在了地上，又赶紧借着天上打雷说，我哪是英雄，打个雷都吓成这样。刘备的低姿态获得了曹操的信任，只有这样他才有离开许昌的机会，否则就会被曹操当成“天下英雄”盯得死死的。

刘备还特别会“收买人心”，赵子龙冒着生命危险救出了幼主阿斗交给刘备，这位成熟的 CEO（首席执行官）没有赶紧上去看儿子受伤了没有，而是直接把儿子摔在地上，说:“为汝这孺子，几损我一员大将!”赵云对刘备这招儿的反馈是:“云虽肝脑涂地，不能报也!”

创业者的成熟还需要用来应对各种意外和风险，在遇到事情的时候，能够“猝然临之而不惊，无故加之而不怒”（苏轼《留侯论》）。一触就跳的人也很难做生意，毕竟俗话说得好，“和气生财”。

创业者在成熟的同时也要保持单纯。单纯的心最敏感，创业者需要时时感受市场的动态、团队的动向、相关方的动作，过于老成的心态难以在各种动态中做出及时判断。创业者的单纯还表现在不忘初心和坚持热爱，创业路上的各种困难有时要靠一种初生牛犊不怕虎的纯真勇敢去克服。所以创业者的成熟不是一种老奸巨猾的油腻，而是稳健又不失赤子之心的境界。

身处三国乱世，你能做谁?

诸葛亮看起来一直是个辅佐者，其实他也是个创业者。在今天，他可以运营一家有鲜明个人品牌的战略咨询公司。诸葛亮看起来是有些被动地参与刘备的创业企业的，他是被三顾茅庐请出来的，但正是他的隆中战略打动了刘备，使他一跃成为刘备最重要的合伙人，其重要程度超过了关羽、张飞。关、张二人不满刘备与孔明“情好日密”，但是刘备说：“孤之有孔明，犹鱼之有水也。愿诸君勿复言。”（陈寿《三国志 · 隆中对》）鱼之有水，真是合伙关系的一个绝妙比喻。

诸葛亮的隆中战略，即联合孙权，占据益州，待天下有变北进中原。除了北进中原的最后一步“出师未捷身先死”，其他主张都基本实现了。隆中决策发生在公元 207 年，诸葛亮当时 26 岁；到五丈原去世是公元 234 年，那时他 53 岁，他的隆中战略执行了 27 年，基本不走样。历史上，现实与设计在如此时间跨度下高度相符的战略规划，真是凤毛麟角。

223 年，诸葛亮 42 岁，刘备去世，诸葛亮实际上成了蜀国之主，开始了“被动”创业的第二阶段，即从负责战略的合伙人变成全面操盘的 CEO。他修复了和东吴的关系，让蜀汉重回隆中战略的外交路线；他了解少数民族地区的重要性，深入不毛，七擒孟获，解决了后顾之忧，这正是《三国志 · 隆中对》所讲的“西和诸戎，南抚夷越，外结好孙权，内修政理”。

然后趁曹丕新死，立即开始北伐，20 年前他在隆中对刘备说：“天下有变，则命一上将将荆州之军以向宛、洛，将军身率益州之众出于秦川，百姓孰敢不箪食壶浆以迎将军者乎？诚如是，则霸业可成，汉室可兴矣。”曹丕一死，当然是天下有变，但是荆州那一上将关羽和统帅益州之众的将军刘备本人，都没有等到那一天，于是诸葛亮不得不亲自上阵北伐，六出祁山。

诸葛亮在《出师表》一开头就说道：“先帝创业未半而中道崩殂。”诸葛亮直接用的就是“创业”这个词，刘备创业不到一半撒手去了，谁来接替呢？《出师表》就是表个态，我诸葛亮来接替这个 CEO，请你小皇帝刘禅给我授权，“愿陛下托臣以讨贼兴复之效”。诸葛亮由此完成了从战略合伙人到核心 CEO 的跃升，谁能说孔明只有辅佐之才而没有创业之能呢？

今天，无论你有没有出去创业，都不妨想一想，把你放在三国的乱世，你能做谁呢？你在那个时代和今天这个时代，能开创出怎样的一番事业呢？

生活在别处，我的未选之路

我这个人很土，在北京从出生长大一直到大学毕业，然后去英国留学一年多，这是我离开北京最长的时间了。以时间长短来算，我可以开玩笑地把英国叫第二故乡。2020 年我参加拍摄《令人心动的 offer 第二季》综艺节目，在上海住了一个月，这是我在北京和英国之外待的时间第三长的异地生活了，我是不是可以把陆家嘴叫作“第三故乡”？

如此一个土人，让我谈谈在其他地方生活有些为难。我也只能说说我在英国上学之后为什么没有留在英国，而是直接回来了。

大四时，我一边在君合实习，一边申请英国的学校。为什么是英国呢？因为美国的学费更高，而且 2001 年刚刚发生“9 · 11”事件，很多学生申请美国的签证没有成功，不确定的因素有点多。另外，我有两个要好的高中同学在英国上学，他们很鼓励我去。我家里人也觉得，过去了有同学，互相有个照应，更放心一些。

君合实习结束时，事务所的人事领导已经告诉我可以留下，我说我也拿到了伦敦政治经济学院的录取通知，可否先去读书。君合也支持我去。所以虽然没有明说，也没有合同，我感觉我就是去读个书，回来继续在君合工作。

抱着这种心态，我开始了留学生涯，从第一天起我就知道我要回来，虽然不完全确定回来是去君合，但是感觉八九不离十。在这种心态下，我没有尝试在英国找工作，毕竟留学生活还是挺清苦的，上完学回国一直都是我的盼头。这大概就是没怎么离开过家乡的年纪不大的土人，乍一见世面就想回去的状态。

我的未选之路

2004 年年初我回到国内，继续在君合工作。工作中我接触到了不少外国律师、外国律所，看着他们的样子，我开始问自己，我为什么当时没有去试试呢？有一天，我认识了一个在伦敦律所工作的中国朋友，他也是伦敦政治经济学院毕业的，比我晚一两年，然后留在了伦敦。我们熟悉起来之后，有时候一起聊天，我就问他伦敦的工作是怎么找的。他给我讲了如何发简历；如何想进大所进不去，先从小所开始，慢慢往大所换；如何参加英国律师资格考试；如何申请到事务所里实习。我听得津津有味，因为我完全可以想象如果是我，这些事我应该怎么做，可是我一件都没有做。在他面前，我反思自己缺乏进取精神和探索的兴趣，当年总是盼着毕业回国，天天想着就是买菜做饭，实在是有点“杵窝子”。

我觉得这位同学做的事，是另外一个版本的我可以做的，但囿于自己的放不开，没有做出来。从此我管这位同学叫我的“未选之路”，我喜欢和他聊天，一边反思自己当年和他在思维与行动上的差距，一边看看他走上这条“未选之路”后的状态是什么样的。

我对“未选之路”的反思，并不是我觉得留在英国好，我感到遗憾的是，我当年连试都没试就直接回国了。我哪怕去申请一下，面试一下，准备一下英国的律师资格考试，即使没有成功，也是多了一种经历，如果成功了，就多了一个选择。从概率上说，我可能还是会回国，毕竟我那土土的潜意识告诉我，还是回来舒服，但那是探索之后的决定，而不是华山一条路，怎么上去的，又怎么退回来。

我观察“未选之路”和其他留在国外的同学朋友，总体有这样一个感受：他们早晚都以各种形式回国了。有些人做着与中国有关的业务，有些人在西方工作几年又搬回中国内地或者香港。留学生都有一个天然的优势，就是我们是中国人，而中国又是近年来国际市场上的主要投资者和买家。留学生即便在国外，到一个公司里去，因为这个天然的优势，也总会去做一些和中国有关的事情。而这种联系多起来，有的同学会决定那就干脆回去吧。真正留在国外从事与中国没有关系的事情的留学生还是占少数。

长在身体里的家国情结

我们从小在国内受教育，爱祖国、爱家乡的情怀是深入人心的。

虽然教育中有很多形式主义和陈词滥调，当时也挺反感，但是长大后才发现，这个家国情结是牢牢地长在身体里的。我第一次出国是2000年去韩国，2002年又去英国留学，那时候中国和西欧、日韩这样的发达经济体比起来，各方面的差距还是挺大的。当时无论是首尔还是伦敦，复杂的地铁线路让人眼花缭乱，北京当时只有现在的一号线和二号线，一横加一个圈。

我印象深刻的一件事是，我2002年在韩国看世界杯，在首尔（当时叫汉城）和一个韩国同学吃饭，第二天要从首尔去大田市，不知道怎么坐车，就问他长途车站在哪儿，怎么买票之类的。他一边跟我说着话，一边低头摆弄着手机（我那时候没有手机，只有一个传呼机，能显示汉字，已经算是很高级的了），我以为他也不知道，就换了个话题继续聊。他摆弄了一会儿手机，抬起头来对我说，票我给你买好了，你明天直接去车站上车就行。今天看起来很普通的手机买票，在2002年的我看起来，是非常有未来感和科幻感的一件事，当时我就震惊了。

伦敦更是天下名城，曾经的宇宙中心：它的各种历史文化建筑保存良好；大片大片的绿地公园随处可见，公园湖水里的天鹅、黑头雁，和徜徉在湖边的人们相映成趣；各种各样的宠物狗或跑或跳，或追松鼠，或叼飞盘，那种人、自然和动物在城市中和谐相处的画面十分美好。而当时的北京，不仅缺少绿地，城市中间的几条河也都是臭烘烘的，对比之下，差距很大。

看到这些，我会感慨“这里的生活真好啊”，可是接下来的一句不是“我要不就留在这里吧”，而是“我们的国家和城市也

玉带桥

可以建设成这样”。我猜这种看到什么好就想自己家里也学着来的条件反射，就是我们多年受家国教育的成果。我当时盼着回家的心情，也完全可以包装成“迫不及待地回去建设祖国”。

于我这个土土的人而言，在英国的一年多总有一种“生活在别处”的感觉。除了观察一些我们可以借鉴学习的好东西，发生在那个社会中的其他事情感觉都和我没关系。我看报纸只认真看体育版和国际新闻，本地新闻很多，但是翻翻也就觉得无聊了，或者看不懂，不知道谁是谁、哪儿是哪儿。再加上英国报纸的本地八卦气场，更是让人翻白眼。我在英国那年曾经有一段时间，主流或不主流的报纸上集中报道的重要新闻就是，安妮公主的狗把女王的狗咬死了，然后这对母女就闹别扭了。

20 年前，身在国外，更觉得自己的国家大有可为，很多领域都有很有意义的事情可以做，怎么可以踏实地待在英国看王室八卦和《谁想成为百万富翁》（英国一档电视有奖问答节目）？当时有个在海外工作生活多年的长辈对我说，回不回去还要看个人怎么想，你要是就在国外过小日子，还是不错的，天蓝草绿空气清新，但不是还有那句话吗，叫“好山好水好无聊”。

英国毕业后，我又在英国晃悠了几个月，彻底感受了一下“好山好水好无聊”，才回到国内加入建设祖国的洪流中。有过这些经历和思考，我基本就对出国生活这个问题脱敏了，这不再是我的选项，但是也不构成我对别人的建议。

去留之间，各种因素的相互作用

写到这里，我想我所说的只是“一面之词”。我是很坚定回来的那拨人，留在国外的同学怎么想的呢？为此我专门找了几个同学打电话聊了聊，因为疫情阻隔，我们也挺久没见了，借这个由头，打个电话问候问候也是好的。留在国外的同学普遍有一种一到那里就主动参与的精神。我的一个大学期间就到德国的同学说，她刚到德国就找了一个面包房打工，不全是为了挣钱，更重要的是融入当地社会。她说，那会儿她连基础的德语都说不利索，而面包房里每一种面包都有一个单独的德语词，简直是头大得不行。就是这种不怕陌生、不惧挑战的精神，让她和当地社会有了越来越多的连接。十几年前她和一个当地华人小伙子结婚时，办了一个告别单身的派对，她给我看过录像。德国告别单身派对要求新人在一天内募集多少钱才算成功，说白了就是借着结婚的名义“乞讨”。他们两个人设定了一个400欧元的目标，然后就上了一列火车，在一群德国朋友的陪伴下开始募捐，一天下来还差几十欧元，回到出发地天都黑了，他们又在火车站前继续募捐。这时候一个德国先生过来说：“如果新娘同意和我跳一支舞，我可以出50欧元。”于是我同学就和他在火车站前的广场跳起来，她的德国朋友和路人围成了一个欢乐的圈子，一起跳舞，这小两口最终“讨”够了这400欧元。看着这一幕，我真心替他们高兴，他们真正地走进了当地人的生活，把自己变成了本地社区的一分子。

留在国外的同学普遍表示，要留下来，一是要过语言关，二是要和本地社会产生各种连接。像我那样，总觉得“这是外国的事情，和我没关系”是留不下来的。还有的同学是在国外组建了家庭，那么自己的小家在哪里，哪里就是新的家乡了。

去留之间，既是人生中不可预料的各种因素共同作用的结果，也更要看本人的兴趣和秉性，当然还要看本人的肠胃，有些人就是受不了外国饭菜才回国的。我给留在国外的朋友这一圈电话打下来，发现一个相同的地方，那就是每个人提起疫情都会说，太烦人了，我都快两年没回家了。无论新家安在哪里，中国都是他们心里的家。

第三章

在沟通中见自己，在关系中自我定位

说“不”是重要的沟通能力

打破自己一亩三分地的思维，不能走向反面——不会拒绝，接受一切合理或不合理的安排，最终让自己疲惫不堪。

职场新人不必把自己看得太重

刚刚入职的新同学，经常被各种找上来的活儿搞得晕头转向，这个也不敢拒，那个也不敢不接。每次我的业务组有新人来到，我会和他聊聊本组的工作情况，同时特别打上一剂预防针。新人来了要多干活儿，这一定是没错的，但是自己要掌握合理的度。在拒活儿和干砸了之间，两害相权取其轻，还是拒活儿的危害要轻一点。别人来找你，你手上已经有太多活儿干不完，你说清楚理由，拒绝别人，并不太得罪人。这个单位毕竟不是只有你，他可以再把活儿派给别人，这次你不行，下次找机会再合作就是了。

但是，如果你不敢拒绝，或者不愿意拒绝，打碎牙齿往肚里咽，把活儿接下来了，最后因为太忙了没有按时交，或者质量不行需要重做，那这事可比拒活儿得罪人要严重得多。答应不了就直接说，虽然派活儿的人可能也不高兴，但是不至于留下一个标签式的负面评价。本来答应不了的事，瞎答应下来，最后到了时间拿不出能用的东西，那就一定会让别人给你贴上一个小标签：不靠谱。

有一次，《令人心动的offer第二季》节目里的一个同学在节目之后加入了我们，开始真正的实习。他刚刚来到办公室就接到了很多工作，毕竟是受人关注的同学，大家都想看看他的工作水平。当时他学校还有事情，需要请假一两天，眼前还有这么多工作找他，他就不知道该怎么办了。他来问我的意见，我说："你觉得无法请假的原因是什么？"他说："我觉得刚来就请假不好。"

因为我和他通过节目打交道，已经很熟了，所以我说得也很直接："几乎每个实习生都会有学校有事需要请假的时候，这件事很正常。你别觉得自己太重要，好像你一请假活儿就要掉地上，不会的。这里还有其他实习生呢，活儿总会有人干的。律师们都忙着呢，没人关注你是在实习的第一周请假了还是在实习的第四周请假了。你只要说清楚，本周哪天哪天你不在，手上的事交接好，就可以了。别太拿自己当回事，没有你，我们的活儿也都能干完。"他听完开开心心地请假去了。

这件事让我意识到，职场新人有时候把自己看得过重了，给自己背上了好几道心理包袱，总觉得一举一动都在被捕捉、被评价。上面这位同学也许是有真人秀拍摄后遗症，恍恍惚惚觉得自己还在被拍，认为请假的事情会端到每个人面前，让大家评价。这种思维习惯并不是真人秀造成的，只是真人秀放大了这种思维。即便没拍过真人秀的同学，也会有这种纠结于一些小事，给自己加码太多的情况。

有一年我们业务组聚餐，大家聊得挺开心，我就顺便问问一个刚来不久的实习生，工作上手了吗，活儿多不多啊，她说还好还好。旁边我们组的律师帮她说，刚来两周已经熬过一个通宵了。我听后吓了一跳，虽然我们一直挺忙，加班也挺多，但是熬通宵这种事还是不常见，何况一个从事辅助工作的实习生呢。

我问，为什么事熬通宵？谁的活儿？

她说，为了核查 100 个左右的商标加班，是合伙人 Y 律师的活儿。她还说，没事没事，我很能熬夜的。

我们继续吃饭，但是我想我需要了解一下这件事，肯定是哪个环节出了问题。我有两个基本判断：一是实习生没必要熬通宵，二是 Y 律师不是这种激进派活儿的风格。难道还有什么是我不知道的吗？

第二天上班后，我去找 Y 律师了解一下情况，又找这个实习同学聊了一下，我明白了这个通宵是怎么搞出来的了。

这个核查商标的事工作量虽然大，但不是特别急。实习生领到工作之后，问 Y 律师什么时候要，Y 律师一向和善，他说：“你看什么时候能做完？”实习生看了看说：“明天上午应该能给您。”

Y律师说“好”。

实习生估计的这个时间也没有太大问题，一个一个去商标局网站核实，做一下午加晚上一点时间是可以搞定的。但是那天出了一个技术问题，商标局网站打开的速度特别慢，这让她和预估的时间完全对不上了。这时候，我们这位能吃苦、能熬夜的实习生，觉得自己已经答应合伙人明天给，所以就一定熬夜把这个活儿做出来，于是她就真的熬了一夜。

了解清楚后，我专门对这个同学讲，以后这种情况，就直接跟合伙人说，网站打开太慢，我在原来预估的时间内完不成，您看可否晚一些交活儿。Y律师也说，这事没那么急，我不是明天上午就一定要，是她说的明天上午能给，她要是中间来说明天上午出不来，要到明天晚上，我也完全没问题。

在这件事中，实习同学发现网站有问题后，完全可以说明天上午不行了，改个时间，她却把自己给出的预估时间看得太重，没有说“不”。

会说“不”是重要的沟通能力

该说“不”的时候要说“不”，是沟通能力的重要一环。沟通能力的基础，就是我怎么能说清楚、别人的想法怎么能听清楚；再高级一些的沟通能力，还要求在说话时能有感受对方的预判能力以及现场判断的能力。职场新人不敢说“不”，首先就是没有把自己的困难说清楚，其次就是这个“不”字在对方心里有多少分量，没掂量清楚。不排除有人会轻估了自己的拒绝，但是更多的情况是，高估了自己一个“不”字的分量。

心理学上有个词，叫“取悦型人格”，或者叫“迎合型人格”。具有这种人格的人，偏向于委屈自己去满足别人，日积月累就产生了很多负面情绪和心理垃圾。所以，从心理学的角度看，严重的不能说“不”，是病，得治。

我们没有人愿意总是摇头拒绝别人，因为我们也不想别人拒绝我们。“己所不欲，勿施于人”，不愿意说“不”的人，一般是敏感而且有同情心的人，只不过在某些场合，自己把拒绝看得过重，放大了它的力量。

我看过一些文章教人一种话术，叫“把 No 说得像 Yes”，我想这可能又过头了。工作中的拒绝需要清晰明了的信息，例如拒活儿的时候直接说:“我现在做不了这件事，是因为什么原因，如果不着急，明天下午我会腾出时间做，你看行不行?”

在工作的情景下，不要兜弯子、绕圈子，非得把一个 No 包装成 Yes。这种云山雾罩没句痛快话的同事，我反而受不了。我大概只会想：行就干，不行我找别人，在你这儿沟通成本太高，以后我还是少找你干活儿吧。

没人喜欢“不”字，所以在不需要明确拒绝别人的场合，别用“不”，更不要把“不”字当成口头禅。生活中有一些人，接别人话时，习惯了张嘴先说“不是”，然后再接着说后面的话。你仔细听，后面的话其实不是“不是”的意思，说“不是”只是他的一个习惯。这个“不是”二字在这里完全可以换成“对”“是的”。

句句说“不是”的朋友，容易让人觉得此人是个“杠精”。如果不知道怎么接话接得让人舒服，你就去观察一下相声表演里捧哏演员是怎么说话的，可能会有点启发。

有的人太爱说“不”，有的人太难说“不”，有时候我在想，“不”字是否是语言里最难用好的那个字呢？把“不”使用好了，是不是就站在了说话艺术的珠穆朗玛峰呢？

别让说话的方式削弱你的优势

陈丹青说过，一个人的相貌就是他的人。脸是人们用来区分此人是谁的第一信号，除此之外，最重要的信号就是此人怎么说话了。脸是人外在的标签，长这样的那个人叫陈丹青，长那样的那个人叫张晓刚；说话是人的性格标签，这个人挺和蔼，那个人挺粗鲁，基本上是靠说话体现出来的。

语言是人的本质属性，离开了语言，就没有人类社会。19世纪的语言学家马克斯·穆勒说过："语言是区分人类和动物的围栏，没有任何动物可以穿过它。"

在生活中我们评价一个人语言的能力，大概有两个层次：一是能不能把事说清楚，二是会不会聊天。能不能把事说清楚是基础能力，能把事说清楚的人，基本上可以做到语言准确、逻辑清楚、重点突出、详略得当。是否能把事说清楚，也和被描述的对象有关系。比如，我可以很容易地把刚看完的一部电影的情节讲给别人听，但是让我清楚地讲出我刚看完的一本量子物理的科普著作，就很费劲了。把事说清楚，是语言的基本功能，语言就是用来传递信息的，说不清楚就影响了语言的基本功能。

会不会聊天是更高级的能力。除了传递信息，语言还有更复杂的功能，比如社交属性。它是社会关系的具体体现，可以表达诸如情绪、理解、亲密、拒绝等复杂的社交信息。正因为如此，语言的形式和方式所传达的社交信息，有时候远远大于内容所传达的具体信息，所以才有“此时无声胜有声”，才有紧闭的双唇代表千言万语。

虽然把事说清楚和会聊天是两个层次的能力，但它们往往交织在一起。会聊天的人更容易把事说清楚，而有时候虽然事说清楚了，但是因为不会聊天，事还是没办成。

说话要讲究内容诚实

说话是社会行为，是最常见也是最重要的社交方式。没有一种说话能力的练习可以覆盖所有说话的场合。什么话合适，什么话不合适，总是要放在具体的场景里去听。谁在说，谁在听，他们是什么关系，他们当时的情绪状态如何，说的事情与交谈之人的切身关系如何，这些因素都会影响一句话说出来的效果。所以说话的“当下性”无比重要，离开了场合，离开了当下，话就不成为话了，只是一个干瘪的信息串。抽离了“当下性”的话语，就立刻“坍缩”了，如同被观测的量子一样。

虽然说话是具体的“当场艺术”，但总有几个原则可以遵循。

第一原则就是一个字——诚，内容诚实，态度真诚。离开了诚实诚恳，什么话都说不好。诚实就是“知之为知之，不知为不知”，不虚晃，不夸大，用佛家的话说就是“不妄语”。吹牛胡说在佛家看来是很大的罪过，妄语是“五戒”之一，是和杀生、盗窃、邪淫、饮酒并列的大事。有佛经说，“实为第一善，妄语第一恶”。

有时候职场新人缺乏自信心，怕被人说不懂，于是不懂装懂。在真正懂的人眼里，不懂装懂是很明显的，只是要不要当面指出的问题。没有人可以全懂，所以遇到自己不懂、不熟悉、不确定的事情，不妨大方地说“我不懂”。说“我不懂”也有一些让自己不那么尴尬的方式，比如，“这一点我需要再去查一下”“这个问题我去问一下有经验的同事”，这都是礼貌表达“我不懂”的方式，并且提出了怎么解决的建议，就是去“查一下”或者“问一下”。哲学家维特根斯坦说过，凡是不能谈论的，都应该保持沉默。当然维特根斯坦这句话是要表达更复杂的哲学思想，我们这里仅仅用它的字面意思。

相比于历史上的很多时期，我们基本还处在一个崇尚说真话的大环境里。但是具体到每个小环境和小场合，能否允许说真话就不一定了。季羡林先生有句话，假话全不讲，真话不全讲。再进一步说，即便被迫讲假话，也要挑那些不害人的假话敷衍。

工作中应该讲真话，但是讲真话有时候需要一些勇气，也需要一些方法。在面对一些有争议的事情时，提出不同意见，需要想想怎么说出来可以减少攻击性。首要的原则就是对事不对人，也可以用第三人视角评价一件事，比如，“我担心这个决定公布之后，别人会这么看……”即便自己是正确的，也尽量用谦虚和探讨的方式提出，切忌得理不饶人。

提倡讲真话，也不能过了头，物极必反。有的年轻人爱提反对意见，以表示自己的独立看法。提出不同意见要基于事情本身，而不要抱着个人出风头的目的。事事都要提不同意见的人，并非有独立思考的能力，只是一个爱刷存在感的“杠精”。

还有一类“妄语”就是夸夸其谈，其所谈的也是事实，但就是口若悬河、眉飞色舞，有时候涉及评价他人，有时有传播八卦之嫌，这种妄语在聚会中和酒局上居多。有时候我也会参加完一个聚会在回家的路上反思一下，今天是不是说得太嗨了，妄语过多，还是要净口、再净口。

说话总是要态度真诚

诚的另一个意思是真诚。真诚说的是态度，如果提意见，出发点就是真心觉得这件事有问题，对工作是不利的；如果是发表感想，就是真情实感，不矫揉造作；如果是批评人，就是讲明错误，期待改正，不居高临下，不由事及人。

市面上有一些教人说话的书，也有一些培训，专门给人讲话术。我对这类“技能”是有些警惕的，担心话术太多会显得不真诚。把话说好，根本上是帮助人把一件事理解好，理解对了，话就说对了。好的说话指导，是帮助人分析具体场景下不同人的不同感受，感受相通了，话就好说了；不好的说话指导，是教人一些俏皮话、关键词或者万能的例子、故事和笑话。这种话术学出来就特别不真诚。我们会遇到一些看起来很能说的人，一说到什么事，就像触动了他某个程序的按钮，一套一套地把练好的话术端出来。这种说话，从里到外都透着表演气，非常不真诚。

还有些书教人如何幽默。也许是我见的世面少，我还真没见过哪位很幽默得体的人，是靠看这种书学来的本事。话说得好、说得幽默，是要看书，但是看的不是幽默教材，而是知识和文学。知识类的书可以帮助人理解事情、理解人情；文学类的书可以让人体会不同的性格、不同的场合，人都是怎么说话的。

老舍先生的话剧《茶馆》是说话的经典示范。虽然那里的故事发生在100多年前，虽然那里面的人物很多是反面人物，但是我们仍然能从老舍先生给他们设计的台词里，看出老舍先生在模拟那些已经把话说得烂熟的市井人物时候的高超技法。

第一段：

刘麻子：您二位真早班儿！（掏出鼻烟壶，倒烟）您试试这个！刚装来的，地道英国造，又细又纯！

常四爷：唉！连鼻烟也得从外洋来！这得往外流多少银子啊！

刘麻子：咱们大清国有的是金山银山，永远花不完！您坐着，我办点小事！

这段话里，耿直的常四爷软讽了刘麻子吹嘘外国鼻烟的样子，但是常四爷并没有直接指责刘麻子，说“你崇洋媚外”“瞧你那德行”，而是从外流银子说起。刘麻子也机灵，自知理亏，扯了一句大清国金山银山的废话，就赶紧把话题岔开了。

第二段：

常四爷：乡下是怎么了？会弄得这么卖儿卖女的！

刘麻子：谁知道！要不怎么说，就是一条狗也得托生在北京城里嘛！

常四爷：刘爷，您可真有个狠劲儿，给拉拢这路事！

刘麻子：我要不分心，他们还许找不到买主呢！（忙岔话）松二爷（掏出个小时表来），您看这个！

这段对话是常四爷目睹刘麻子公开贩卖人口之后说的，常四爷对此举的反感更胜于刘麻子对洋货的推崇。但是他没有上来就批评刘麻子，而是先从背景说起，还是一个疑问句，“乡下是怎么了?”，显得语气没那么强烈。刘麻子还没意识到常四爷对他的反感，蹬鼻子上脸地说，“一条狗也要托生在北京城里”。这会儿常四爷就不客气了，直点主题，点得犀利但是还留有余地，“狠劲儿”和“这路事”两个词已经完全表明了常四爷谴责的态度，但是他又没有说出会引起直接冲突的话。要是常四爷说，“你可真缺德，给拉拢这种断子绝孙的事”，那当场就要冲突起来了，常四爷也就不是常在茶馆里混的老茶客了。

第三段：

秦仲义：小王，这儿的房租是不是得往上提那么一提呢？当年你爸爸给我的那点租钱，还不够我喝茶用的呢！

王利发：二爷，您说得对，太对了！可是，这点小事用不着您分心，您派管事的来一趟，我跟他商量，该涨多少租钱，我一定照办！是！嗻！

秦仲义：你这小子，比你爸爸还滑！哼，等着吧，早晚我把房子收回去！

王利发：您甭吓唬着我玩，我知道您多么照应我，心疼我，决不会叫我挑着大茶壶，到街上卖热茶去！

这一段表现了王利发这个刚接手茶楼的年轻小伙子是多么会说话。面对涨房租的要求，他没有回绝，而是直接要和秦二爷的底下人谈，这是一个经典的没答应也没拒绝的回应。秦二爷进一步说要收回房子，王利发用近乎卖萌的方式，把自己置于秦二爷的照应和保护之下，轻巧地设想了一个“挑着大茶壶去街上卖热茶”的场景，却也不是令人尴尬地扮惨相。

第四段：

秦仲义：庞老爷！这两天您心里安顿了吧？

庞太监：那还用说吗？天下太平了：圣旨下来，谭嗣同问斩！告诉您，谁敢改祖宗的章程，谁就掉脑袋！

秦仲义：我早就知道！

（茶客们忽然全静寂起来，几乎是闭住呼吸地听着。）

庞太监：您聪明，二爷，要不然您怎么发财呢！

秦仲义：我那点财产，不值一提！

庞太监：太客气了吧？您看，全北京城谁不知道秦二爷！您比作官的还厉害呢！听说呀，好些财主都讲维新！

秦仲义：不能这么说，我那点威风在您的面前可就施展不出来了！哈哈哈！

庞太监：说得好，咱们就八仙过海，各显其能吧！哈哈哈！

秦仲义：改天过去给您请安，再见！（下）

庞太监：（自言自语）哼，凭这么个小财主也敢跟我逗嘴皮子，年头真是改了！

这一段对话是《茶馆》经典中的经典，两个人的身份、政治态度、说话的能力一览无遗，我认为，这是中国文学史上对话描写的顶峰之一。这场对话看起来都是庞太监在进攻，他一会儿说掉脑袋，一会儿说财主都爱维新，各种明里暗里的张扬和威胁。但是秦二爷应对得当，既没有发生直接冲突，又没有服软，最后反而把一直咄咄逼人的庞太监气得直嚷："年头真是改了！"

我们拿《茶馆》举例子，并不是要让大家学着里面的人说话，如果你东施效颦地学出这么一路话来，那可是真要闹笑话了。《茶馆》中的对话，是让我们体会说话的尺寸、态度的软硬，如何既表明了观点，又没有制造直接的冲突。俗话说，会说的不如会听的，听《茶馆》里的角色说话，让我们可以跟着老舍先生一起领略一种很高级的对话表演，从而潜移默化地启发我们说话的感觉。

什么才是“会聊天”

生活中说话，大部分时候既不需要唇枪舌剑，也不需要伶牙俐齿，就是舒舒服服地和他人聊天就好。有年轻朋友问，怎么和人聊天啊，我见到生人没话说。这个感觉一点也不奇怪，我也是见到熟人聊一下午，见到生人要找词儿。我有一个原则就是，聊人家感兴趣的事，听人家说。常见的不会聊天的就是自己不停地说，也不管人家有没有兴趣。会聊天的第一个表现就是会提问，提到人家喜欢聊的话题。每个人都有点爱好或者自己熟悉的事情，聊天往这些事上聊，就不会冷场。

这些话题有时候也要先试试再推进，比如，你先问人家工作，人家正不想谈，那就再聊聊下班锻炼嘛，“打球还是跑步呀？”如果人家说有时候跑跑步，那就问问，一般跑多远，是路跑还是到运动场跑。问题慢慢问，别问得太紧好像盘问一样。

找到感兴趣的话题后，不要把天聊死，还要注意不要妄下判断，用英文说就是 do not judge。你一给判断，或者一上价值的高度那很可能就把天聊死了。也不要人家一说什么，你就说到自己身上。举几个例子：

甲：您平时锻炼吗？

乙：锻炼的，我没事跑跑步。

甲：跑步可得小心，伤膝盖。

乙：……

甲：最近电动汽车卖得好呀！

乙：是啊，人们环保意识提高了。

甲：电动车才不环保呢，发电不得烧煤啊，那污染一点都不小。您开什么车？

乙：电动车……

甲：您看着比上次显黑了呢！

乙：是啊，我刚从海南回来。我这人不经晒，一晒就黑。

甲：是吗？唉，我就一直特白，晒了也不黑，也不知道怎么回事。

乙：……

平时说话时，适当地加些幽默会取得不错的聊天效果。但是幽默是个高级活儿，学不好宁可不用。老舍先生说过：“不会幽默的人最好不必勉强要俏……勉强耍几个字眼，企图取笑，反倒会弄巧成拙。”

幽默是一种观察世界的方式，它让人用变化和比较的眼光看待事物，于合情合理中找出意料之外的一个观察点或是小破绽。幽默也是一种对人生的关怀和反照，它总能用转念一想的方式，把过于紧绷和单一的想法，化解成“原来还能这样想”的释然。

一般来说，比较妥帖的幽默方式是轻轻地自嘲。嘲笑讽刺别人肯定不好，自嘲一下，却可以起到很好的效果。但是要轻轻地，过分自嘲，自己使劲儿踩自己，也是很奇怪的一件事，与幽默离着十万八千里。

总结一下，想要把话说好，把天聊好，首先是从诚实、真诚出发，请教别人擅长和感兴趣的事，不妄下判断，不自说自话，其次读一读经典作品，体会一下经典作品中人物说话的感觉。

虽然是在谈怎么把话说得漂亮，但是话又说回来，语言平实、有一说一，也是很大的优点。只要能在说话时保持真诚和尊重，不冒犯人，“口拙”一些的人也是可爱的，总比口蜜腹剑、花言巧语要好得多。毕竟孔夫子说过：“巧言令色，鲜矣仁。”（《论语·学而篇》）

演讲力与个人影响力正相关

我上大学的时候参加过一个演讲比赛。我一般不喜欢参加此类活动，那次正好不太忙，加上宣传海报里的评委阵容看起来很强大，我也想见见社会名人，就报名了。演讲比赛不是 2000 年就是 2001 年，记不清了，因为刚刚进入 21 世纪，所以主题要和新世纪有关系。我就写了一篇演讲稿，叫《宿舍 · 北大 · 新世纪》，从宿舍生活讲到新世纪，属于胡乱联系的那种演讲稿。我在宿舍里背演讲稿，也基本是按照大家印象中的那种带点朗诵腔的方式去准备的。

到了比赛时候，我前面的几个同学也都是朗诵腔，声情并茂，感情充沛。我当时就觉得这么讲会千篇一律，但是并没有想好怎么改变。等我上场了，我站在台上突然觉得自己可以像平时说话一样，不要朗诵感，平实但有趣地说出来就可以了。我张嘴第一句就不是我平时准备的风格。令我意外的是，现场反响很好，稿子里有些地方有点小幽默，再加上聊天的语气，仿佛是一段学生单口相声。那次比赛只评十佳，没有一二三名，我得了一个演讲十佳的称号，如果按票数算，我记得我该是第一名。

当时我们法学院的朱苏力教授是评委之一。他说："今天的演讲，我有点听不下去，同学们讲得都太甜，甜得发腻。"这也是我的感觉，我感觉自己在里面算不甜的，但是今天看那篇演讲稿，还是觉得学生气十足，傻甜傻甜的。这次的经验就是，轻松自然，从自己出发，不要朗诵腔，也不要假大空。

关键词是个好方法，但别硬拗

有一年我去行业协会参加一个青年律师的评优活动。通知是让我们准备好材料和事迹，去面试评选。我以为是那种类似工作面试或者论文答辩的形式，到现场一看，有个讲台，台下一排评委和观众，我隐隐地感觉到，这不会是一场演讲比赛吧。

评选开始了，我抽了一个中间靠后的签，这是个不错的位置。签位很重要，我在大学得了演讲十佳后，被派去参加一个更大范围的关于大学生运动会的演讲，抽签抽到第一个，最后就没有名次。当时北大中文系的一个老师是评委，出来跟我说，其实你讲得还不错，就是第一个讲，大家给分手太紧。中间靠后的签，不会吃这个亏，而且还能观察一下前面的人是怎么讲的。

果不其然，那次律师评优的现场，开始上台的几位候选人都拿出了演讲范儿。如果受过一些基础的演讲培训，你就会知道，有一种简答方法，就是用关键词做提示和结构。一些候选人就是这个路子，比如，“我把自己的律师执业生涯概括为三个关键词：勤奋、挑战、阳光”，然后说自己是怎么勤奋的，怎么面对挑战的，怎么阳光总在风雨后的。这个方式很好，对迅速组织一篇演讲很有帮助，但是可能有点生硬，硬拗的痕迹有点重。

我在台下迅速地想，这原来是场演讲比赛啊，那我怎么说呢？我把准备要说的内容捋了一遍，也找了几个关键词：三个一，即一个领域，一本杂志，还有一个什么，我已经不记得了。一个领域，就是我一直在做的跨境投资领域，一本杂志就是我一直负责的《君合人文》杂志。这次我又得了一个十佳，票数应该也很多。这件事情说明，迅速组织起一篇演讲的能力很重要，关键词是个好方法，但是别硬拗。

了解你的观众，特别是他们的情绪状态

2019 年是君合 30 周年所庆，我们把 1000 多人运到阿布扎比举办活动。第一天晚上就是庆典晚宴，我是主持人之一，我需要在开场时让大家就座，引出管委会主任肖微律师致辞。本来这是一个挺简单的任务，但是到晚宴开始之前，我感觉不是那么简单。1000 多人从世界各地奔赴阿布扎比，还没怎么休息，就换装化妆坐到了宴会厅，都有些疲劳。有些同事不完全理解为什么要跑这么远办活动，有一点“我倒要看看你们要弄出点啥来”的观望态度。

另外，还有一个意外事件，北京飞来的一架航班，前序航班遭

遇雷击，直接取消了，使得北京的几百人分散成了多路，奔波辗转，绕道香港、马尼拉、曼谷等地，才飞到阿布扎比，比预计时间晚到将近一天。为了活动能够有序进行，我们本来给大家建制了团、排、连，作为出行的基本单位。“雷劈航班”的人就是北京一团，但是因为航空公司把大家随机分到了其他转机航线上，原来的排和连都打乱了，只能现场重新组建，而火线任命的连排长并没有参加过之前举办的相关培训。我也是那架航班的乘客，在庆典晚会当天凌晨3点才到达驻地酒店。这个意外事件增加了大家的疲惫感，一些同事甚至有些怨气。

我想，我开场不能简单地说“欢迎大家来到阿布扎比，首先有请肖微律师致辞”，我要把这股有点奇怪的气氛化解掉，后面的节目才能热闹起来。我跳上台——当然满面笑容地——说:“欢迎！欢迎大家来到阿布扎比！大家坐在这里真是太不容易了，我都觉得不真实。一年前我来阿联酋考察，回去之后还有同事说，管委会才不会花钱、花时间带我们去迪拜和阿布扎比玩儿！但是，今天我们都坐在这里了！”

接着是要活跃气氛，既要烘托出集体活动的欢乐感觉，又要营造出一种此起彼伏的争先感。我接着说:“凡是集体活动都要点个名。我现在按办公室点名，请来到现场的办公室用欢呼声告诉我，你们到了没有，坐在哪里。首先，路途最远的美国办公室的同事们到了吗?”美国办公室的同事热情地响应我，又挥手又欢呼。接下来我依次点名，香港、深圳、杭州、成都、大连、青岛、上海，大家响应着欢呼鼓掌，气氛越来越热烈。

到北京办公室的时候，我要把“雷劈航班”这件事的疲惫和不开心化解掉，加上北京办公室本来人就多，我说:“北京办公室我要分着点名，北京三团到了吗?”三团欢呼。“北京二团到了吗?”二团欢呼。“最后我要点名的就是我所在的北京一团，我们的前序航班遭遇了雷劈，我们分成多股小部队，分头并进，来到阿布扎比，因为分散而来，我们原来的排连建制全部被打乱了。我们成建制地被消灭，但是我们又原地把建制恢复起来。北京一团的团友们，你们在哪里?”这时候会场的欢呼热闹火爆。

我说:“在这里我们要特别感谢付出了巨大辛劳的北京一团的排长、连长，以及在‘雷劈航班’后临时任命的连排长，请我念到名字的同事站起来接受大家的鼓掌和致敬，他们是……”我把十几个连排长的名字依次念出，大家由衷地为他们鼓掌。我感到“雷劈航班”的这股郁闷之气，在阿布扎比会场内已烟消云散。这一场意外，反而成为证明君合人打不散、打不乱的军功章。

至此，我才进入正式环节，邀请肖微律师上台致辞。“2009年，我们在青岛庆祝君合20周年所庆的时候，君合还没有青岛办公室，现在我们青岛办公室已经建立，正在快速发展。如此看来，未来我们一定会有阿布扎比办公室的。在座的各位来自13个不同的办公室，但是今天我们都是阿布扎比办公室的同事，下面就有请阿布扎比办公室的代表阿卜杜拉 · 穆罕默德 · 肖微致辞!”这时肖律师走上舞台，做了感人至深的君合30周年所庆致辞。

这次庆典晚会的开场，可以算是一次即兴演讲。这个开场给后面的活动开了不错的头。这个开场之所以能有好的效果，重要的一点是，我了解我的观众，他们都是我的同事，我知道他们当时的情绪状态，我也了解如何把他们开心、想玩、爱玩的一面调动起来。

上面这三次演讲的经历，都不是发生在工作中的，但每一次都有一些经验可以延展并应用到工作中，可以供有兴趣的读者参考。

在国际交往中展现个性

就在全国人民翘首期盼奥运会在北京开幕之际，单位派我去爱尔兰开会，8 月 8 日我必然不在北京了。

会议是各国青年律师的一次培训，从与会代表的年龄看，23~40 岁都被定义为青年。参会者一共 30 多人，来自十几个国家，因为都是“青年”，大家见面后很快就熟悉起来。和以前在欧洲上学时明显感觉不一样的是，大家对中国的兴趣明显增强了。见到的每个人，不超三句话就会问奥运会。到第一天的下午，如果有人还说：“我问你一个奥运会的问题行吗?”大家就会嘲笑他：“What a new topic! ”（真是个新话题啊！）问题从单双号限行到鸟巢、水立方等奥运场馆，五花八门。在大会的自我介绍上，我说我来自北京，校长也说，很抱歉我们把你从万众瞩目的地方拽到这里来。

每天会议结束时，参会人要轮流做一个 5 分钟左右的小演讲，话题随意。临行时，我虽然考虑过几个话题，却没有什么准备，也不确定到底讲什么。但是面对这么多关于奥运会的问题，我想我应该讲讲奥运会，讲讲中国和奥运的故事。很幸运，第一天的演讲没有我，我就晚上查了点资料。到第三天傍晚，主持人点到了我，他说，下面的演讲人，来自全世界关注的焦点，那就是来自中国北京的代表。

把中国历史和奥运联系起来看

我于是起立，做了如下演讲：

各位朋友来到这里之后，都互相询问，演讲的话题是什么。我想，对我来说，没有其他选择，我必须说说奥林匹克。同时，很多朋友非常关心中国，问了我许多有关中国的问题，所以我也有必要讲讲中国。因此，我要讲的就是奥林匹克运动和中国。在现代中国的历史上，奥运和体育影响着中国，把中国历史和奥运联系起来看，是十分有趣的。

1894 年，当国际奥委会准备第一届现代奥运会时，他们向中国发出了邀请。那时候，中国还是清朝，统治者是留着长辫子的满洲贵族。清朝皇帝根本不知道奥运，更不明白那个蹩脚的词“奥林匹克”是什么意思。各位可能知道，在中国文化里，我们喜欢和谐而不是竞争。比如武术，练武的境界是为了提升自己，而不是打倒别人。所以，中国根本没有回应这个邀请。

直到1908年伦敦奥运会，中国人对奥林匹克的了解多了起来，中国人民希望像一个大国那样参与这个世界性的盛会，但是当时的中国体育十分弱小。一本杂志在1908年提出了三个问题：

何时中国可以派一名运动员参加奥运会？

何时中国可以在奥运会上赢得一枚奖牌？

何时中国可以举办一届奥运会？

1911年，中国最后一个王朝被推翻，1912年中华民国建立了。许多现代化的学校建立起来，课程里也包括了体育课。就在中华民国逐渐融入世界的时候，1919年，巴黎和会深刻地改变了世界，也改变了中国。

作为战胜国，中国仅仅想取回德国在山东的权益，包括青岛——下周奥运会帆船赛将在那里举行。但是，大国把德国在山东的权益给了日本。这严重伤害了中国人民的感情，并且直接导致五四运动的爆发。在五四运动中，中国人民问："德先生"和"赛先生"何时来到中国？

此后，中国被内战所困，直到20世纪20年代末，情况才变得好一些。1932年，中国向洛杉矶奥运会派出了第一位运动员，他的名字叫刘长春，他参加了100米的比赛，但是在第一轮就被淘汰。当时，他不会知道，会有一位与他同姓的中国运动员——刘翔，在几十年后成为110米栏的奥运会冠军。

1949 年，中华人民共和国成立了。1958 年，中国终止了和国际奥委会的关系，原因是台湾问题。中国只能自己发展体育。

就在一年后，1959 年，容国团为中国获得了第一个乒乓球世界冠军。从那时起，乒乓球就成了中国的国球。但是，人们在 10 年后发现，乒乓球还能发挥更重要的作用。

1971 年，中国认识到不能再闭关自守，中国要和美国还有其他西方国家打交道。可是怎么做呢？如何打开紧闭的国门呢？

1971 年 4 月，日本举行世乒赛，中国和美国都参加了。偶然事件有时候可以推动历史：一位美国选手，他叫科恩，不小心错上了中国队的大巴！当他站在穿着整齐服装的中国运动员面前时，他也十分惊讶。中国选手都在笑他，因为他留着长头发，看起来就像个摇滚歌手，但是，没有人敢和他讲话，因为美国在当时是中国的头号敌人。中国队也有外事纪律，不得同美国选手说话，不得互赠礼物。

当时中国的男单一号庄则栋站了起来，走向科恩。在他走过去的时候，有人同庄则栋说：别同他讲话，别走过去。但是庄则栋坚持让科恩坐下，并送给他礼物。这件事马上被报告给毛泽东主席和周恩来总理。毛主席说，庄则栋不仅懂乒乓球，他还懂点外交！

美国队马上被邀请访华，周总理接见了他们。一年后，尼克松总统访华。7年后，邓小平访美，两国建立了正式的外交关系。

20世纪80年代“文革”后，中国人民希望重返世界，并向世界展现中国的实力。发展体育比发展经济要省时间。1984年，还是在洛杉矶，中国运动员许海峰获得了第一枚奥运金牌。时任国际奥委会主席萨马兰奇坚持要亲自给许海峰颁奖。

从1981年到1986年，中国女排获得了五连冠。她们是民族的骄傲和国家的英雄。当时的教练后来成了中共中央委员，女排的核心球员郎平现在是美国女排的主教练。我想北京的观众会为美国队欢呼，因为郎平回娘家了。

在1990年成功举办亚运会后，中国人民想，也许我们可以举办奥运会。但是这个努力在1993年失败了，北京以两票之差输给了悉尼。有一些国际奥委会委员告诉中国，我们那时候不知道中国将向何处去，因为那时，邓小平先生年事已高。

1997年，邓小平先生去世了，但是中国没有离开改革开放的轨道。我们在2000年再次申请，并在2001年7月13日在莫斯科获得了2008年奥运会的主办权。那一天，万人空巷，为中国喝彩。

在准备办奥运的过程中，中国人民和政府做出了许多努力。新建场馆的花费就在40亿美元以上，北京建设了超过

50 英里（约 80 公里）的新地铁，而这些仅仅改变了北京的表面。

奥运会可以用更全面的方式影响中国。人们希望 2008 年是充满欢乐和成功的一年。但是，事情不总是如人所愿：1 月是一场大风雪，5 月是一场大地震，全球经济衰退，各种各样的国际政治问题日益凸显。同时，一些新概念也来到了中国。中国人民越来越习惯听到不同看法，并且对批评也能有更开放的态度，这些都将帮助中国建设一个更加宽容的社会。所有因素将以看不见的方式持久地影响着中国。

最后，欢迎各位去北京，去中国！无论你什么时候去，作为东道主，我保证带你去一个正宗的中国饭馆吃一顿好吃的中国饭！谢谢各位！

主持人说，你的演讲让我对这届奥运会的看法与 20 分钟前完全不一样了。结束后，各国代表也过来向我表达了类似的意思，即这个演讲为他们增加了一个看奥运会的新视角。其实，这有什么呢？哪个中国人不知道呢？只不过国外之前都把注意力放在空气质量和新闻审查上了。

充当北京奥运会场外讲解员

与这次演讲多少有些关系，会议组委会决定改变 8 月 8 日下午的会议日程，全体代表去看北京奥运会开幕式。

都柏林时间下午1点，我们开完会直接来到餐厅，在预订好的地方一边吃午饭一边看北京奥运会开幕式。我们来得稍晚，从小女孩唱《歌唱祖国》开始看的。接着是升国旗，我当然要站起来。出于客气，我说："各位就不必站起来了。"但是大家还是都起立。我一边看升旗仪式，一边唱国歌，激动的心情让身体都有些发抖。

演出开始了。电视上虽然有BBC（英国广播公司）的解说，但是声音较小。我当然要担任解说员，可惜奥委会没给我演出脚本，我也只能蒙着来。我对大家说，这些人手里拿的是书，是用竹子做的。他们问，这些人是谁。我猜着说，是学者。回来才知道，那是孔子三千弟子，猜得也差不多。

然后到了活字印刷环节，铅块组成了"和"字。我说这个字是和平、和谐的意思，众洋人深以为奇。

到了京剧环节。我说这是中国的国剧，我是戏迷，它的打击乐那么响，是因为京剧过去是街头艺术，要吸引人们的注意；那美妙的音乐声来自"北京小提琴"——京胡。

过一会儿他们问，那个"勺子"是啥。我说那是指南针，勺把指着南方。一个人说，不是应该指北吗？我说，它的中国名字就叫"指着南方的仪器"，所以应该是指向南的。

现代部分大家问题较少。这时郎朗出来了，大家不知道他是谁，我简单讲了一下一对父母为了培养儿子既辛苦又骄傲的故事。

大家还问，唱歌的男子是谁，女歌手是中国人吗？我说很明显，她不是。英国代表说：“这是莎拉·布莱曼呀！”

运动员入场环节时，每到一个参会代表所来自的国家入场，大家就会欢呼鼓掌。BBC 可能是政治新闻做多了，评论时常常与体育无关。伊朗、伊拉克入场时，BBC 的镜头都切给了布什，而布什则跷着二郎腿，拿着纸扇在椅子上敲打着节奏。每次镜头给到布什，我们都是全场大笑。

蒙古国入场时，BBC 解说道，中国曾经认为蒙古是中华帝国的一部分，现在中国还有一部分地区叫内蒙古。哈萨克斯坦入场时，BBC 解说道，这是中国的一个大邻国，他和中国、俄罗斯一起结成上海合作组织，尽量排除美国在这一地区的影响。说到这儿，英国代表都听不下去了，说：“这种评论太政治化了，这跟奥运有什么关系！”

中国台湾入场时，有人问，台湾原来叫中华台北啊。也有人问，台湾和中国大陆到底是什么关系。当时没时间过多解释两岸关系，我就说，大家看到的这一幕，是中华民族伟大的一天。

中国香港入场时，他们问，怎么还有香港队，不是应该和中国一起吗？我说，世界杯上还有苏格兰和威尔士呢，同理，这是历史遗留问题。

英国入场时，我们照例鼓掌。爱尔兰代表坐在我身边说，在爱尔兰，我从小到大就没见过有人给英国队鼓过掌。这时候有人拍着两个英国代表的肩膀说，北京弄得这样好，你们可不好办啊。我客气地说，哪个国家都有独特的历史可以展现嘛。爱尔兰代表接着我的话说:“他们有什么历史?他们就表演表演今天占领了这儿，明天占领了那儿，最后全丢了。”英国代表啥也没说。

中国队入场时，大家也把欢呼声给了我。而此时 BBC 的解说员竟然说中国运动员队服是西红柿炒鸡蛋，可见他们是“做了功课”的。

当点燃火炬时，我发现火炬手是李宁。我对大家说，这个人是我法学院的同学。众人很惊诧，不停地询问李宁的事。

盛大的开幕式结束，参会代表纷纷向我表示祝贺，同我握手。我一直说:“谢谢，谢谢，但真不是我组织的。”

西班牙人说，我最喜欢张艺谋，这又是他的一篇杰作。

英国人说，我们真的不知道怎么搞了。

德国人说，我知道你们有组织能力，但没想到你们组织得这么好。

美国人说，谢谢你的解说，否则有些内容我们是无法了解的。

还有更多的人说，太棒了！太神奇了！太漂亮了！

一个捷克的年长律师说，你们觉得这些年中国很棒吗？我告诉你们，这仅仅是个开始！

开幕式一结束，我就给国内亲友发短信:“今天会议暂停，各国代表一起看奥运会开幕式。非常成功，无比自豪。谨向祖国亲人问好！牛！万岁！”大家也纷纷热烈地回复我。

晚上，我们在马拉海德城堡举行结束晚宴，并发参会证书。每个人上台从校长手里接过证书，并合影留念。我在接过证书时，校长说，这对中国来说真是伟大的一天。于是，我对各位代表说：

此时此刻我必须说几句话。谢谢会议特意改变日程，让大家都能观看北京奥运会开幕式。谢谢在座的各位朋友，谢谢你们对中国人民和北京奥运的善意和友好。我想有两个地方特别适合结交来自全世界的朋友：一个是奥运会，另一个就是 Multilaw。

回京后，我也陆续接到参会代表的电子邮件：

我非常喜欢在电视上看奥运会和北京，但是我想这和到北京去看一定不一样。我和每个人都讲，和你一起看开幕式是多么有趣。谢谢你的解说，我十分喜欢。

——温迪

我整个周末一直盯着电视看奥运会。看到一切都顺利进行，我为中国人民感到高兴。向你和你的祖国问好。

——蒂内

你的城市和你的国家正在上演一场让人震惊、让人尊敬的大戏！

——曼利

这一天的经历，用一句话总结就是：祖国强大，我们有面儿！第二年 Multilaw Academy 选我作为讲师参与这个培训项目。

我在这场交往活动中获得了认可，交到了朋友，是我代表的国家和我来自的事务所把我托举出来的。我也幸运地遇上了一个非常好的时机——北京奥运会，这是一个人人感兴趣的话题，也是一个容易团结大家的话题。围绕着北京奥运会，我介绍了自己的国家和首都，同时表达了自己的兴趣和喜好，这样很快能让本不相识的各位认识我是谁，觉得我这个人还有点意思，这大概就是我做对了的一些地方。

同事关系紧张的第一责任方是公司

上班后，我们每天接触最多的人就是同事，仔细算算，与同事相处的时间远远超过家人和朋友。同事就是一起工作的人，大家来自五湖四海，因为工作条线和个人秉性，自然会有远有近。有些同事之间有竞争关系，自然难以相处得十分融洽。同事是一种奇怪的人际关系，有时候明明不喜欢，还必须在一起共事，有时候异性同事太喜欢又怕引发办公室恋情。你和大家保持距离，人家说你高冷；你和大家打得火热，人家说你是取悦型人格，八面玲珑。

大部分同事是纯工作关系，大家见面点头，你好我好，相敬如宾；稍微复杂一些的是特别难搞的同事和特别要好的同事。

难搞的同事，有些时候是双方所处的工作关系难搞，例如他的工作就是检查你的工作，给你挑毛病；有些时候是这个同事本身就难搞；更多的时候是复合型的，在难搞的工作关系里来了一个难搞的人。

特别要好的同事，几乎等同于朋友，两个人或几个人之间不仅仅工作上配合愉快，也可以分享一些私事。但是同事又不完全等同于朋友，朋友之间纯粹就是感情亲近和意气相投，外界的干扰比较少。同事之间的关系会因为工作而发生变化，比如，本来一起工作的两个人，一个人晋升了成了领导，或者两个人被分到有竞争或监督关系的两个部门，这时候这种“准朋友”关系就要经受考验了。有些人分寸把握得很好，工作关系变了，“准朋友”的友情就跟着调整到大家还能比较舒适相处的状态，而有些人会把做“准朋友”时候知道的一些人家的私事，当成评价人的谈资或者攻击人的材料，这样的朋友势必也没的做了。

因同事而成“准朋友”，大家还是可进可退，但是朋友一旦成了同事，处理不好可能会失去一个朋友。所以我说，尽量不要帮好朋友往自己所属的部门递简历。

从朋友成为同事酿成的悲剧

从朋友成为同事酿成悲剧的，首推孙膑和庞涓这对冤家。传说两个人本来都是鬼谷子的门下弟子，还是好朋友、结拜兄弟，“毕业”之后也都各自发展。直到有一天两个人变成了同事，都在魏王手下工作，庞涓恶的人性就被激发出来。他罗织罪名陷害孙膑，导致孙膑被挖去髌骨。后来孙膑到齐国领兵，击败了庞涓率领的魏军，庞涓自杀。死前庞涓大呼：遂成竖子之名！他一生都想压制孙膑，没想到最终自己却成了让孙膑名扬天下的垫脚石。

伊瓜苏瀑布

至于孙膑为什么去魏国和庞涓做同事，不同的故事有不同的说法。有的书上说是庞涓知道孙膑本事大，故意把孙膑找来，加害于他；有的书上说是魏王把孙膑找来，让他和庞涓一起带兵。但是那时候孙膑还是太年轻，不懂得不要和好朋友做同事的道理，这个低级错误犯得和他后来“田忌赛马”“减灶增兵”的大智慧相比，简直不是一个人。这么说孙膑有点不厚道，毕竟他是受害者，我们都应该抱以同情，而非指责受害人。但是这个两千年前的故事依然提醒着我们，朋友变同事是一件有风险的事。

工作氛围事关同事关系的好坏

再来看另一场一千年前的“同事—准朋友—敌人—和解”的人生大戏。两个主角分别是苏东坡和章惇，他俩年轻时都在陕西当官，苏轼在凤翔，章惇在商州，离得不远，两个年轻人都是既有才华又有抱负，有机会可以约着出去玩的那种人。有一次他俩相约到凤翔和商州中间的周至县的仙游潭游玩，旅途中风景优美，章惇让苏轼爬上绝壁去题字，苏轼不敢去，章惇自己爬上绝壁写上“章惇苏轼来游”。下来之后，苏轼拍着章惇的背说:“子厚（章惇字）必能杀人。”章惇说:“为啥呢?”苏轼说:“能自拼命者能杀人也，你自己的命都敢豁出去，自然不拿别人的命当回事。”

这时候的苏、章二人虽性格不同，但是能玩到一起，玩的过程中互相也很了解，虽然是同事，但是没什么利益冲突，两个人人关系不错，还可以开开玩笑。

后来苏轼遭遇乌台诗案，章惇还给苏轼辩护。这时候苏轼是罪臣、地方官，章惇是中央官员，对于王安石变法他们有不同的态度，分属两个阵营，但是这没有影响他们的友谊。为了保护苏轼，章惇还顶撞过皇帝，怒斥过宰相。

随着朝廷上新旧两党的争斗进入白热化，苏、章这对职场“准朋友”也最终交恶。苏辙参过章惇，这层已经分属不同阵营的同事关系加上了亲属关系，就显得更加复杂和对立了。等到章惇重新上台，他对苏氏兄弟的报复也毫不手软。章惇的“能自拼命者能杀人也”的风格终于展露无遗，他把苏轼、苏辙贬到岭南，甚至贬苏轼到海南岛，差点要了他们的命。苏氏兄弟九死一生，章惇自己却再次倒台。章惇之子，也算是苏轼的门生，担心章惇再被苏氏兄弟报复，又给苏轼写信求饶。苏轼保持了他一贯的高风亮节，回信说：“某与丞相定交四十余年，虽中间出处稍异，交情固无增损也。闻其高年寄迹海隅，此怀可知，但以往者更说何益，惟论其未然者而已。”意思是说，我和章惇是 40 多年的朋友了，虽然中间有些小过节，但是不影响交情，听说章惇这么大年纪也被贬到边疆，心情我是完全理解的，过去的事就不用再提了，咱们展望未来吧。苏轼在晚年用这封充满了宽容和人性关怀的信，给这场 40 多年的职场加朋友的恩怨画上了句号。

苏轼和章惇既做过特别要好的同事，又成为特别难搞的同事。他们本是同榜进士，开始是职场发小，经历过肝胆相照，因为阵营不同又反目成仇，最后渡尽劫波而和解，这里面复杂的同事关系、朋友情谊和家族因素（苏辙对章惇的弹劾），让今天的人还不停地感慨何以至此。章惇被宋史写进《奸臣传》，他应该是大呼冤枉的，苏轼恐怕也会觉得，对章惇这样苛刻的历史评价是不公平的。

可能读者会说，上面的孙庞、苏章两个故事，都是政治斗争，不是普通职场。的确如此，但是政治斗争是职场关系的放大镜，本来隐秘微妙的职场关系，放到政治的大舞台上来，就可以闹出身家性命的大事来。通过放大政治斗争来观察同事关系，是不是更容易看到一些细微之处呢？

尤其是苏章一案，他们本来良好的朋友关系在北宋后期的恶性党争中彻底被摧毁，这是不是说明工作环境很重要、团队氛围很重要呢？再好的私人关系，在互相倾轧的工作气氛中，也无法继续维持。所以创造良好的同事关系首先要看公司，看团队领导。

我们观察同事关系的时候，不妨从团队氛围和公司文化入手，再去看个人修养和处事风格，这样才能看得全面。同事关系紧张的第一责任人是公司，是领导，其次才是身处矛盾中的个人。我这么说你是否同意呢？

孩子的社交方式是给成年人的示范

交朋友是青少年时期的人生主题之一，长大后，交朋友就成了副题。少年追求理想的友情，按照文学、影视和动画片中的情节，去寻找自己的朋友，男生希望结交肝胆相照的兄弟，女生希望找到无话不谈的闺密。毕竟，朋友关系是学生时代可以自主选择的唯一关系，少年在其他关系里，比如亲子关系和师生关系，都是偏被动的一方。年少时交朋友的体验，可能会影响我们在日后的人际关系。即便是青少年时期交朋友有些挫折，我们也应该知道，当人成年以后，相处方式和交朋友的方式都会有不小的变化，也不用特别在意少年时交友的一些不顺利。

交朋友的渴望和困扰，在开始工作后，往往被同事关系、恋爱关系冲淡。人际关系中比较大的困扰更多来自同事关系和爱情关系，但是人对友情的盼望却不会彻底消失，我们还是希望能够交上几个好朋友。

然而工作后，我们开始觉得朋友越来越少。同事相处得好，可以成为朋友，但一旦工作角色发生变化，相互之间出现某种工作链条上的竞争关系或者制约关系，朋友关系也难免要随着调整。反而是过去的同学、前同事，因为没有利害关系，更能处成朋友。但老同学、前同事的友情也可能变淡了，毕竟大家已经不在一个环境里，各人有各人的事情，各人也都在不同的路上前进。

有的人工作中可以认识许多人，有的人工作中只能见到那么几个人，无论工作带来认识新朋友的机会多还是少，想从工作关系里收获一些朋友都很难。忙碌的工作和城市里陌生人居多的环境，让许多年轻人有了社交焦虑。大家没时间、没途径去结识新朋友，即便有很多交友软件，也没办法彻底解决扩大社会交往的问题。

以各自的方式扩大社交圈

虽然工作繁忙，交友不易，但是社会交往总是人的刚需，大家还是用各自的方式扩大自己的社交圈，想结识更多志同道合的朋友。因为同事关系牵涉的事情更多，年轻人交朋友的需求往往会转向工作场合之外，比如，成年人的兴趣小组也是一个能见识到不同人的地方，如车友会、滑雪会、读书会，这样的友情有共同爱好做基础，也可以发展出一些不错的朋友。

还有一类新朋友是孩子的朋友，两个或者几个小孩子要好，休息了约着一起玩，一来二去有些家长互相也成了朋友，这是孩子带着成年人交朋友。孩子交朋友十分简单，一个玩具两个人一起玩一玩，就成了朋友，可能玩了好久，也互相不知道叫什么。我总觉得，孩子的单纯社交方式是给成年人的示范，它启发我们在不给别人贴标签的状态下如何去了解他人，去结交朋友。

我在工作之后交到了一些朋友，有些朋友还很要好。在事务所里我们有个饭团，大家是当年差不多一起来上班的同事，大家每天一起喊着吃午饭。饭团里还有几个我大学的同级同学，上学时不很熟悉，反而到了工作单位熟悉起来。这样一算我们18岁就认识了，后来一直是同学、同事加朋友，还真是挺有缘分的。在事务所里工作，内部没有什么恶性竞争，大家都分属不同的业务组，在一个组里的也是互相商量着做事，同事关系比较简单。在一个饭团里，团友之间处长了，仿佛亲戚一般，大家的脾气秉性、各自的家庭也都了解。我们的饭团相处得不错，留在君合的几个人都成了合伙人；离开君合的，大家有时间也要聚一聚。有时工作、生活事情多，压力有些大，我还盼着和饭团吃个午饭，随便叨唠叨唠，听听大家的看法，有时候是宽慰，有时候是对某些执念的讽刺，总之在嘻嘻哈哈中心情就开朗起来了，情绪的包袱也就卸下不少。

我还有一些朋友，是参加国际会议认识的境外律师事务所的律师。这些人严格来说不算同事，毕竟没有天天在一起工作，但是也算是工作上的联系人，如果有需要还是可以互相合作一些事情。我们互相称为“会友”“会搭子”，大家会在一些定期或不定期的国际会议上见面，有时候也会去对方的国家（地区）出差或者访问，一年中多的见个三四次，少的见个一两次。这种关系相处起来也很融洽，大家有共同的背景，都是律师，都是学法律的，也没有什么竞争关系，各自做各自法律辖区的事情，还有一些潜在的合作机会。而且大家一年就见这么有限的几次，也不会有那种和朋友一起花了很多时间、有点费神的感觉。每次见面大家都很亲切，这就是距离产生美的友情。

交朋友，也得靠缘分

当然，在一个国际会议中会遇到很多人，为什么会和这几位成为朋友，而没有和其他人成为朋友，也是一个奇妙的事情，还得交给缘分吧。

朋友之间都是从友善开始的。我和几个国际律师熟悉起来是 2013 年在阿根廷开 Multilaw（国际一流的律师协作组织）的年会上。当时因为路途遥远，本应去参加的君合合伙人有其他事情来不及去，于是我就飞往了阿根廷，那是我刚刚成为合伙人的第一年。我虽然已经在 Multilaw Academy（Multilaw 律师学院）讲过课，但还没有参加过这种大型国际活动。到了布宜诺斯艾利斯，我发现君合只来了我一个人，其他所来的都是三五个人，而且都是资深合伙人，他们互相之间很熟悉，聊得很热闹，我有点插不上话。

这时来自吉隆坡一家事务所的合伙人主动和我聊天，并且邀请我和他们同来的三位同事一起去一家阿根廷本地特色餐厅吃晚饭。我和这几位马来西亚朋友，以及通过他们介绍，后来又认识的一些他们所的其他同事成了不错的朋友，每次开会都要在会议议程之外小聚一下。

2017 年环太平洋律师协会（IPBA）在新西兰举办年会，有一天下午会议结束得比较早，我就约了几位会友，提议去激流岛吃晚饭。去激流岛要乘船 40 分钟，岛上有不少酒庄，我们爬到山上一个高处的酒庄，在那里可以一边遥看奥克兰市区，一边吃饭聊天。到了激流岛，我自然就聊到了顾城。国外人对中国的诗和诗人一般都没有了解，无论是新诗还是旧诗，他们都听得饶有兴致。我从顾城的诗句“黑夜给了我黑色的眼睛，我却用它寻找光明”，聊到了顾城来到激流岛，聊到了后来的小说《英儿》，聊到顾城之死。天际线上是奥克兰的城市轮廓，我们品尝着激流岛的美酒，聊着激流岛上的诗人，天空从落日余晖变成了满天星斗。第二天，我们继续开会，有些朋友昨天有事没能去激流岛，就问我们怎么样，我就请去了的人给没去的人讲，我说：“你们说说吧，昨天我们在山顶酒庄聊了什么。”我是想看看他们经过昨晚一席聊天，对顾城和中国新诗了解了多少。没想到，听了我一晚上中国现代文学和诗歌讲座的几位朋友，和那些没去的人说：“Henry told us a story of a Chinese poet, who chopped his wife and killed himself。”（亨利给我们讲了一个中国诗人的故事，这个诗人砍死了他的妻子，然后自杀了。）我说：“哈哈，我讲了一晚上诗，你们就记得这个啊！”

那天激流岛上聊天吃饭的一位朋友在 2020 年年初因为癌症

去世了，今天说起这些有意思的回忆，让我禁不住怀念起他。人生之中，我们也就只有几面之缘，一起开过几次会、吃过几顿饭，但是这份友情弥足珍贵，我愿他能够安息。

因为疫情，我和我的“会搭子”们好久没有见面了。有一天在一个线上视频会议上，大家又凑在了一起。这一“见面”不得了，激起了大家无数的美好回忆，线上正式会议一结束，几个人赶紧互发邮件，约着第二天在线上举办一次云酒会。第二天，大家如约上线，举着一杯小酒，聊聊各自的生活，回忆着当年在世界各地开会见面的日子，偶尔有各自家里的小孩儿入镜，不胜温暖，也不胜感慨。

人总是需要朋友的，朋友的亲疏远近要讲缘分。缘分来了，珍惜这茫茫人海中的友情；缘分到了，朋友远了，也是海内存知己。过去说书人总说，青山不改，绿水长流，他年相见，后会有期。是啊，人越长大，越珍惜老朋友聚会的时光，哪怕正如北岛在《波兰来客》中的文字，“如今我们深夜饮酒，杯子碰到一起，都是梦破碎的声音”。深夜饮酒就已经很难得，至于梦破与不破，已经不重要了。

亲密关系不能破坏人际关系的基本尺度

人到底应该什么时候谈恋爱？算来算去还是上大学的时候最合适。中学谈恋爱，被称为“早恋”，被学校禁止，这大概是为数不多的、主流意见不喜欢的带“早”字的事情，其他的，如早起、早睡、早饭，都是很受欢迎的。工作后忙忙碌碌，认识的人也有限，谈个恋爱不容易，但是催婚的这会儿就来了。看起来这事要是不在大学里搞定，还真就难办了。

谈恋爱是大多数人的刚需，可是谈个恋爱好麻烦：要认识，要追求，要拒绝，要猜测，要表白，要生气，要照顾，要伤心，要甜蜜，要谈婚论嫁，要做回朋友，要修成正果，要好像没那么爱了……怎么这么多事啊！

市面上有许多教人谈恋爱的书，也有很多网络教程，现在大学里和恋爱话题沾边的名师都要靠讲情感来出圈了。可是恋爱真的是能教会的吗？就算我学会了能用理性的态度谈恋爱，我就能遇到对的人吗？我就能全程“理中客”地把这事搞定吗？就像你看了无数电影里接吻的镜头，你不去真亲一下，还是不知道那是啥滋味啊。

避开恋爱的几个坑

谈恋爱这事，应该怎么谈不好说，每个人的特质不一样，遇到的人也不一样。但是有这么几个大坑还是可以提前说一说、躲一躲的，虽然有时候自己不掉下去一两次也不知道长记性。

第一个坑，注意安全！恋爱不是开车，还要注意安全？对！因爱情而引起的安全问题还不够多吗？刑事调查中，辨明犯罪动机就三个方向：财、情、仇，可见感情问题在犯罪动机里是三分天下有其一的。翻翻从古至今的小说和戏曲，从《白蛇传》到《安娜·卡列尼娜》，因情而起的危害生命的事件层出不穷，被爱冲昏头脑的人什么事都干得出来，一条蛇也敢在端午节喝雄黄酒，安全教育能不再次提上日程吗？

注意安全，除了自己别太冲动，更要防备着变态人格。变态人格的爱一开始都挺狂热，又是999朵玫瑰，又是把你的名字文在身上，可是一出现点矛盾或是要分手，这股强烈的情绪就可能因爱生恨而走向极端。谈恋爱要先看看对方情绪是不是稳定，说话办事是不是懂分寸。要警惕这样有两极表现的人：他们要么表现出一种总要与众不同、自命不凡的迷之自信，要么对喜欢的就夸上天，对不喜欢的就踩在脚下。

第二个坑，不要迷失自我，不要委曲求全。爱一个人本来就有收敛自我、取悦对方的意思，但是这个自我收敛要在自愿和舒适的范围内。人的情绪就像弹簧，如果总压抑着、弯曲着，那么反弹的力道也是很大的，容易伤着自己，也容易伤着别人。过分委屈自己，也是在纵容对方，长此以往，两个人之间的界限总会从放纵者压向委屈者这一边，这个关系到头来还是要坏掉的。一个关系里，只要有委屈者的纵容，就必然有放纵者的过分，如同一枚硬币的两面，是同时存在的。

亲密关系是人际关系中的一种，虽然两个人可以很亲密，但是不能破坏人际关系基本的尺度，比如尊重、隐私、自主和感谢之情。一旦人际关系的基本尺度被破坏了，二人世界中的“伦理”就乱了，这个关系就缺少了基本的秩序和是非标准，难受的日子就要开始了。

人和人再好，也是两个人，怎么也好不成一个人。赵孟頫的夫人、著名的大才女管道升，给赵孟頫写过一首词，其中一句是：

> 把一块泥，捻一个你，塑一个我，将咱两个一起打破，用水调和，再捻一个你，再塑一个我，我泥中有你，你泥中有我。

这样的词表达了浓浓的爱意，真是恰到好处，大家写情书的时候都可以抄来用用，可是真的这样生活起来却万万不可。“将咱两个一起打破，用水调和，再捻一个你，再塑一个我”，这必然是一个痛苦不堪的过程，还很有可能无法再捻出一个你、捻出一个我，最后就剩下两块泥巴，在那里不停地瞎搅和。

如果你有把对方变成和自己的行动、想法都一致的念头，请你放弃。两个人生活在一起，是求大同、存小异，有基本一致的共同目标，却也不要时时刻刻、时时处处保持同步。舒婷的《致橡树》说出了相爱却又保持独立的状态：

我必须是你近旁的一株木棉，
作为树的形象和你站在一起。
根，紧握在地下；
叶，相触在云里。

第三个坑，不要一上来就是地久天长一辈子。和自己喜欢的人刚刚谈恋爱的时候总是很美好，感情前行得也顺利，这时候人会有一种错觉，即这个人就是我要找的那个人。别忙，再看看！

网上有句流传很广的话：不以结婚为目的谈恋爱都是耍流氓。要我说，这句话偏颇了。应该这样说：不以结婚为目的，却表现出以结婚为目的谈恋爱，都是耍流氓。两个人刚刚建立感情，互相喜欢，离可以生活在一起还有很长的距离，从恋爱第一天起，就抱着要跟这个人结婚的目的，听起来就不太合理。恋爱就是探索两个人相处之道的过程，可能会走向共同生活，也可能最终分开。不问青红皂白，从恋爱第一天起就以结婚为目的，虽然不是耍流氓，但是有点耍赖，这刚哪到哪就以结婚为目的了？

人生是一段一段的旅程，同路的人有时候能陪伴我们走很长，有时候就是陪一段路，然后各奔天涯。作家蒋方舟说，人生没有港湾，都是一节一节过的。即便是找到终身伴侣，两个人也要一起继续前行。感情好的，并且会在亲密关系中学习和进步的两个人，就会走得更久。有的年轻朋友在小时候童话看多了，觉得灰姑娘嫁给王子后，就过上了幸福生活，找到了港湾，后面的故事就没有了。这种“从此他们就幸福地生活在一起”的港湾幻觉应该去掉。结婚不是恋爱的唯一目的，即使结婚了，这场亲密关系的探索也不会停止。

第四个坑，分手时要做好创伤管理。恋爱最伤神的事莫过于分手，分手最痛苦的事莫过于反反复复地分手。分手、失恋或者离婚，对人的情绪会产生巨大的破坏作用，让人内心痛苦，否定自己，心生怨憎，有的人不能接受分手的结果，可能纠缠不休，可能委曲求全，可能极端失控。分手是恋爱中的重要一课，但是没有几个人是在谈恋爱的时候就准备好了的，总要经历一两次，才能更好地处理分手和失恋。

失恋的心情是内心的一场巨灾。生活中我们会做一些灾难逃生的演习，这个思路可以借鉴到恋爱中来。在风平浪静的时候，体会一下分手的感觉，给自己列出几条分手时绝对不要做的事情，甚至把这个“分手逃生方案”先写下来，以备不时之需。当然，和所有逃生方案一样，用不上是最好的。

在亲密关系的道路上见招拆招

有些年轻人不想谈恋爱，工作那么忙，还要谈个恋爱，真是太麻烦了。可是，建立长期亲密关系又是人的基本需求之一。无论是嫌谈恋爱麻烦，还是怕受伤而回避谈恋爱，这个需求还是存在的。我有个女性朋友说，我特别支持恢复包办婚姻（英文叫 arranged marriage，给你安排好的婚姻）制度，直接给我安排一个丈夫，也不用我谈，也省得我父母天天催。的确，如果我们考察一下婚姻史，基于人的浪漫爱情而缔结婚姻的社会制度，无论在西方还是东方，就是这一二百年的事情。在人类漫长的历史中，包办婚姻才是主流。

我认识一位加拿大知名律师事务所的资深律师，他已经退休了，生了 4 个女儿。他开玩笑地对我说："4 个女儿长得都很像我，有一年我带着 4 个女儿走在中国上海的大街上，中国朋友都用同情的目光看着我。"我说："您多幸福啊，中国人都把女儿比喻成爸爸的小棉袄，您有四身小棉袄。"他说："幸福什么，愁死我了，她们一个个都不结婚。"我非常惊讶地问："您也着急她们结婚吗？我以为父母盼着催着孩子结婚是一个特别东方的传统，我没想到您一个加拿大的国际大律师也操心这事。"他说："亨利，在这件事上，全世界的爸爸都是一样的。"

这个小故事告诉我们，如果被父母催婚，也不要过于烦躁，即便是有个盎格鲁—撒克逊血统的国际律师爸爸，你也是难逃被催的命运。无论父母操心儿女婚事的心情如何，历史的河流都已经流到浪漫爱情是婚姻基础的阶段，你被催婚催得再烦，也还是得挑一个自己满意的，不能当包办婚姻那样凑合。

两个人从不认识到一起生活，有两个关键节点：一个是搬到一起生活，一个是有了孩子。这两个关键节点，都对双方的角色提出了新的要求。同时，一些生活习惯和个人生活方式，在这两个关键节点会暴露得更多，产生更多的摩擦，能否良好地相处下去更是需要下功夫。在这两个关键节点中，有了孩子这个节点更为重要，这时候还可能牵扯进来双方的父母，加入生养下一代的工作中。恋爱、婚姻是两个成年人的事情，即便设想到最差情况，也最多就是两个人分开，各自向前。可是生孩子是一个不可逆的过程，一旦开启，就至少 18 年、20 年，要一路通关打怪地向前走，除了孩子成年，没有退出机制。就算夫妻两位不幸分开，也仍然是孩子的父母，这一条纽带是解不开的。我认识一位加拿大知名律师事务所的管理合伙人，有一次吃饭席间聊天，我说："我的孩子今年就要出生了。"他说："祝贺你啊，但你也要做好一辈子奉献的准备，你可以很容易地摆脱你的配偶，但你永远无法摆脱你的孩子。"

还没有孩子的时候，我一位儿女双全的朋友给我预警说，有孩子的第一年是特别容易离婚的时候。后来有了孩子，我理解了他这句话是什么意思。因为孩子的到来，家庭的角色和原来已经默契的安排都被打乱了，需要重建，在这个过程中磨合不好，自然矛盾就会多起来。家里有了一个小孩，过去的时间安排也都要推倒重来。孩子小的时候，业余时间也要围着孩子转，下班时间、周末时间，不再由自己随便安排。到孩子再长大些，时间又会有一部分回到你自己手里，但是也无法和完全没有小孩的时候同日而语，你想做点自己的事情，满足一下自己的爱好，更要学会见缝插针、闪转腾挪地把时间运用起来。

生孩子的时间要看缘分，也算是可遇不可求，生得早些或生得晚些，也各有各的好处。20 多岁生小孩，精力、体力都比之后更胜一筹，但缺点是自己还年轻，有时候会急躁，有些关系也容易处理得不好，而且 20 多岁的人还都是单位的小年轻，工作不由自主的时候居多。我是 30 多岁有小孩的，熬夜的本事比 20 多岁差一些，但是脾气性子要柔软不少，耐心更多，自己能做主安排的时间也多一些。我有些朋友、同事生孩子比较早，虽然只比我大几岁，但是孩子都上大学了。我们有时候互相开玩笑，他们说，我看着你孩子还那么小，都替你着急，什么时候才能养大啊！既然是斗嘴玩，我也不甘示弱：孩子养大了我就像你一样，成了一个空巢老人。

恋爱、婚姻、生孩子是人生大事，所以有些人变得极其谨慎，总是琢磨算计，掂量不出个结果。但是人生之事，哪有那么多完全想好了再做的，都是差不多就行了，对恋爱的对方有个基本判断，人品没问题，又是自己喜欢的，以后生了孩子也是可以互相协作的，那就差不多了。至于亲密关系路上的其他问题，还是要见招拆招，到什么山唱什么歌，是无法完全预料到的。年轻人“有花堪折直须折，莫待无花空折枝”，有喜欢的人就要行动，不亲身投入一段亲密关系，是永远没法体会和提高这个重要的人生能力的；但是务必是真喜欢的，浪漫爱情虽然不能永垂不朽，但是建立关系之初还是必须要有的。

女儿和毛毛虫

父母是股权不断稀释的小股东

人有两重亲子关系：作为子女的一重，作为父母的一重。我们一出生就是子女，这一重关系是先天的，这人是你妈妈，这人是你爸爸，无可选择。要说人是不是有命运，从这个角度说是有的。一个人与出生有关系的那些变量，就叫命运，出生的时代、地方，生下来体质好不好，父母是谁，家境如何，这几件事就构成了一个人初始的命运参数。有的参数可以通过后天的成长和学习改变和突破，有的参数是没法改变的，我们作为子女的那重亲子关系就属于后者。

亲子关系的阶段性转变

20 岁出头的年轻人回顾自己一路成长所经历的亲子关系，基本上就是自己的人生写照了。婴幼儿到童年时期，亲子关系多是照顾、陪伴、教育等内容，这段时间给一生的亲子关系打下了重要的底色，也对子女的人格塑造有着重要影响。子女进入青春期，亲子关系开始发生较大的变化，照顾、陪伴、教育虽然还有，但是子女开始走出亲子关系，去探索自己的世界，甚至会觉得亲子关系是一种负担和束缚，对亲子关系开始反抗、挑战甚至叛逆。青春期过去了，人因为上学、工作开始离开自己的原生家庭，亲子关系开始转向，进入了新的阶段。

在这个新阶段，亲子关系的转向体现为照顾、陪伴、教育的功能逐渐消退，甚至开始进入一个反向阶段，子女开始对父母体现出了更多照顾、陪伴的功能。因为技术进步快，社会变化快，子女在某种意义上也在“教育”父母，怎么用微信，怎么网购，社会上有哪些新事物、新机会和新工作。在这个阶段，有些父母还保持着一直以来主导亲子关系的习惯，对子女的生活发表意见，这些意见主要体现在就业和婚恋两个方面。有些父母的意见表达得婉转一些，有些则要强势一些，这与每个家庭已经形成的沟通模式有很大关系。

我曾经在回复读者来信时说过，父母是股权不断稀释的小股东。如果把自己看成一个公司，股权就是不断从父母手里向自己手里转移的过程，从父母是自己的大股东，到自己是自己的绝对大股东，这就是成长决定权的转移路径。20 多岁时，有的人已经完成了大股东角色的转移，有的人还在转移的过程中。

父母对子女工作的意见主要是希望孩子有个稳定的工作。不容易失业，也不会太累的工作，在许多父母眼里是完美的工作，比如教师、机关工作人员，仿佛女孩子的父母这样想的更多。父母对婚恋的主流意见就是赶紧结婚，赶紧生孩子，有一小部分父母对子女找的对象不满意，时不时明示或暗示应该换一个。

没人怀疑父母都是好心，但是两代人之间在这些问题上常常有不一致之处。如果沟通得好，还可以求同存异，各自表达各自的观点；如果沟通起来费劲，这种事情常常就成为生气吵嘴的导火索。

原生家庭分析是出发点，不是落脚点

近年来有许多从原生家庭来分析心理问题和成长问题的图书和文章。从原生家庭入手去认识自己的一些性格和习惯，是一个很好的出发点，但是我们对自己成长的认识并不能仅限于此。认识原生家庭里带来的积极影响和消极影响，都是为了走出原生家庭，成为自己想成为的自己。原生家庭分析，变成“甩锅”给原生家庭的结论，是无益于个人成长的。当然，学会从原生家庭的角度看待家庭对孩子成长的影响，还有一个用处，那就是年轻人未来也会做父母，这些原生家庭的道理和经验，在他们给自己孩子搭建一个原生家庭环境的时候，可以注意有些坑就不要再踩。

所谓成长，就是自己长大了，自己做自己的主。健康的亲子关系是可以充分表达各自意见的，但是又没有强加于人的姿态。建立成年之后的健康亲子关系，子女一方应该更加主动，一方面要和父母多交流，另一方面也是靠自己把事做好。在律师界里，有不少朋友的父母最开始是反对孩子做律师的；也有一些从别的行业转来做律师的朋友，更是遭到了父母的坚决反对，可是他们后来做得都很出色。我有一位家住北京通州的朋友，她妈妈一直希望她在通州上学、工作、安家，每次她有离开通州的想法，她妈妈都不赞成，结果这位朋友高中就考上了北京中心城区的市重点中学，大学上了国内一流大学，又去美国常春藤读了硕士，到这时，她妈妈还在劝她学完了回通州。这是一位可爱又执着的妈妈。我这位朋友就是不断用她的实际行动去扩展自己的边界，行不行做出来看，而不是坐在通州的家里和妈妈辩论到底应不应该离开通州。

我常常拿这个故事给身边做父母的朋友宽心：你看，一个注定要行万里路的孩子，你是怎么拦都拦不住的。所以也不要过分操心学校好不好、家庭环境什么样，这些都是外因，真正起作用的就是这个孩子是什么样的人，他是否好奇，是否自律，是否能把目标和路径结合起来，一步一步向着自己的目的地前进。

有些人的成长的确受到了父母和家庭的一些消极影响，亲子关系比较紧张，但是人长到20多岁，无论过去的经历如何，都可以开始和父母调整关系乃至找到和解之道。常常见到的一种互动不好的家庭关系是父母一方或双方过分强势，孩子从小到大一路受批评，很少被肯定。这样的年轻人有时候会过多地自我挑剔，给自己太多压力，什么事情不顺利总觉得都是自己不对，自我否定，这不是一种健康的内省，而是一种低自尊的思维定式。强势的父母在儿女成年后，有些会收敛火气，变得容易沟通；有些反而会有一种和子女争强好胜的心理在作怪，更加急于否定子女的进步，小看子女的成绩。

还有一种不健康的亲子关系，来自父母关系不好的消极影响。一个人如果常年生活在家庭的争吵和矛盾中，情绪很难不受干扰，对家庭和亲密关系的看法也偏向悲观。有些父母完全不管孩子的事情，孩子某一个家长的角色相对缺失；还有些父母看起来没有分开，但是关系已经恶劣到势同水火，这样的孩子往往承受了更大的心理压力，一路成长都是在小心翼翼地察言观色。

我有些朋友是在单亲家庭环境里长大的，他们常说，无论是听到父亲还是母亲说，“我都是为了你才没和你妈（你爸）离婚”“我都是为了你才没有再婚”，他们都想说，其实不必为了我，我希望你先为了你的幸福做一个决定。这几位朋友用自己的成长经历明白了一件事，一个家庭的核心是夫妻关系，亲子关系不应当高于夫妻关系之上，不需要以亲子关系为名去掺和夫妻关系的事情。我们当然都希望成长在一个父母都在身边的和睦家庭，但是如果父母关系差到应当分开却没有分开，有时候这样看起来形式上“完整”的家庭，对孩子的成长反而没有益处。

不论在哪一种家庭环境中长大，人在成年以后都需要对自己负责，把自己的一些缺点和软弱抛给原生家庭和亲子关系，是毫无益处的。对于依然在就业、婚恋问题上指手画脚的父母，对于依然强势地否定子女的父母，成长起来的年轻人都可以有更智慧的方式去沟通、去化解，因为毕竟没有人比你更了解你父母的脾气，你知道他们吃哪一套，不吃哪一套。以一个成熟的成年人的姿态，重新接近父母，也许能给亲子关系带来不一样的变化和转机。

有心理学家讲过，亲子关系带来的一些消极影响乃至伤害，是能够通过自己建立的亲密关系化解的。从自己的成长环境里走出来，去建立自己的亲密关系，反过来再去看自己长大的那个家，也许又有不一样的视角和不一样的理解。

与此相连的还有一些亲戚关系，比如七大姑八大姨，有些年轻人想想这些就觉得头疼，尤其是要回家过年的时候。各种催婚、催育，打听你挣多少钱，比较你和别人家的孩子，评论你的工作、衣着乃至发型，简直是一年一度的个人修养挑战赛。其实倒也不必烦恼，好沟通的亲戚就聊聊天，增进感情，自己舒服，父母也开心；不好沟通的也就不用浪费时间，敬而远之，微笑不语就好了，毕竟人生有限，为了亲戚这种不是自主选择，又没太大分量的关系动太多脑筋，怎么想也不值得。

成年人不必再屈从于父母的权威，而应从亲子感情出发去沟通和陪伴，不必再和兄弟姐妹、七大姑八大姨挤在一个宅门里和屋檐下生活，而是可以自由地决定自己的行为，喜欢的亲戚就交往，不喜欢的就不必交往，这不就是社会进步的具体体现吗？

当年热播的电视剧《我爱我家》有一首插曲，中间唱道：

你是我情愿为你付出的人

你是我不愿让你缠住的根

……

你是我爱你时改变不了的天真

你是我怨你时刻在心头上的皱纹

家，从来就是一个让人感到既温暖又纠结的地方。

助人不求即刻的回报

我小时候，每年的 3 月 5 日学校都要组织学雷锋做好事活动。3 月 5 日那天下午不上课，大家分成小队和小组，到街上、居民区里去做好事。做好事不难，难就难在如何发现一件需要我们做的好事。有时候为了完成任务，有的同学恨不得要把自己兜里的一分钱当成捡来的交给警察叔叔；还有的同学一直劝并不想过马路的老大娘过一次马路，以便搀扶一次，算今天下午的学雷锋“作业”。同学们都是好心，真心想做点好事，可是那时候的我们，缺乏的是对他人的理解和同情。在教室里，我们很容易帮助别人，谁没带尺子、橡皮，拿我的去用就好了；可是一到大街上，毫无人生阅历和社会经验的我们，就完全不知道别人的需求是什么。

我们都愿意帮助别人，因为在或大或小的帮助中，我们感受到了自己的价值。商品的价值是通过交换体现出来的，人的价值则是通过与他人的互动，自己给别人带来了什么体现出来的。学雷锋的小学生想通过做好事实现价值，但是掌握不到别人所需，因为自己还没有成长到那个阶段；成长后的我们，带着一颗同情心和同理心看世界、看他人，就不难从自己的内心去发现别人的需要和困难了。孔子曰：“己欲立而立人，己欲达而达人。”就是让人们从自己的“欲立”和“欲达”出发去帮助他人。孔子还说：“君子成人之美。”别人以为美好的事，君子就帮助他成就。

有时候我和妈妈走在街上，路边有发小广告的，只要递过来，我妈妈都接。我就问，你为啥要接呢，一会儿就收了一大摞，拿着不方便，最后都是扔进垃圾桶里。我妈妈说，这些小孩发广告都是有任务的，一天发多少，我多接一张他们就能早点下班，拿着一张纸又不麻烦。先不论街头发广告是不是违反了有关市容管理的规定，但是我觉得我妈妈用自己的举手之劳帮助他人完成工作的思路是正确的。有时候我接到一些电话推销，如果不是正在忙，我也不着急挂掉，我就让人家说。因为我听一些做过电话推销的朋友讲，他们的考核指标是通话时长，如果每个人都挂了他们的电话，他们就很难完成任务。

做好自己的工作也是帮助他人

帮助他人的方式有很多，学雷锋做好事是一种；认真做好本职工作，让自己服务的人感到舒畅满意也是一种。帮助他人并不完全等于免费做事。我在英国上学的时候，时不时要去银行办事，或者去火车站买票。排队的时候，我就看前面的人是怎么说话的。我发现每个人在柜台窗口办完事情，都有一套近乎标准的话语：

柜台里的服务人员把办好的材料递出来，然后微笑着说："Thank you!"（谢谢你！）

顾客都会说："Thank you very much! I really appreciate your help。"（非常感谢，非常感谢你的帮助。）

服务人员说："Have a good day!"（祝你愉快！）

顾客说："You too。"（也祝你愉快！）然后离去。

在这个场景下，服务人员是在工作，有工资，但是顾客说的是"非常感谢你的帮助"，也就是说，当服务人员把自己的工作高效顺利地做好，顾客认为服务人员就是帮到了他。

多年前，事务所的合伙人派我去见一个新客户，这个客户是一位个人投资者，想买一个四合院开办公司。我到了他指定的一个酒店的大堂吧，他还约了其他中介机构一起谈。我是新加入的，看起来这些中介都和他工作一段时间了。这位客户一上来就有一副谁都欠他的表情，然后对这些中介各种数落，好在我是第一次去，还没数落到我头上。其中一个中介就劝他，说你没必要用这个态度，大家坐在这里都是在帮你解决问题。他听了更不高兴，说："没有人是在帮我，我都是付了钱的。"

回到事务所，我跟合伙人汇报了这件事，然后说："以后这个人的事我不管，他不会尊重别人的工作。"合伙人说："好，以后不管。”不过这位客户后来也没联系过我们。

日行一善，从学雷锋做好事的角度看，有点难，除非我们是社区工作者、民警，天天会有人寻求帮助；但是从做好本职工作，让我们所服务的人感到愉快、顺畅、有效率的角度去帮助人，那我们是每日都可以做到的。

不求即刻的回报和交换

想要愉快地帮助别人，一方面是帮助他人实现了某种需求；另一方面，自己的主观目的不是求即刻的回报和交换。如果是存着一个要求具体回报的期待去帮助人，那不是纯粹的帮助。当然，我们在帮助他人的时候，总会怀着一种超越具体回报的、更宏大的心态，即我助人人、人人助我，今天我帮助他人，在我需要帮助的时候，他人也会伸出援手。这种通过帮助他人提高整个社会助人风尚的目的，是非常美好的。

京剧《锁麟囊》里，富家小姐薛湘灵在结婚途中遇雨，偶遇同样出嫁的穷人家女儿赵守贞。薛湘灵同情赵守贞的境遇，把自己随身的嫁妆——一个装满了宝物、绣着麒麟花纹的高级定制包包——送给了赵守贞。薛湘灵的这个举动完全不图回报，纯粹出于朴素的同情，如同她自己唱的:“人情冷暖非天造，何不移动半分毫；我今不足她正少，她为饥寒我为娇；分我一支珊瑚宝，安她半世凤凰巢……”

戏演到这里，薛湘灵的善举就已经完成了。人家问她姓名，她也不说，反而回答说，“漂母饭信，非为报也”，这和“做好事不留名”的雷锋精神如出一辙。后来薛家遭遇水灾，流落到赵家当仆人，两个人又通过锁麟囊相认，这是戏剧家为了教化社会设计的大团圆结局。戏这么写可以，但是生活中却没有这么多巧合。有一天我们做出薛湘灵这样的善举时，也不要期待未来能够从被救助者那里得到什么具体的回报。我有时候瞎想，如果这出戏再增加一些情节，锁麟囊从赵守贞手里又传递出去帮助了其他人，然后其他人救了薛湘灵，并且通过锁麟囊的这个信物相认，发现了这条帮助人的链条，是不是更能弘扬爱心会不断传递的社会正能量?

有时候我们助人的好心会被人利用，街头、车站一些人，主动寻求帮助，说丢了钱包，需要点钱，这路搭讪基本都是街头骗术，或者是另一种街头乞讨。我们需要警惕这种骗术，损失点小钱无所谓，不要上更大的当，而且这路骗术哪里都有，我在泰国机场、巴黎街头，都被这样搭讪过。这种事有时候真假难辨，我们可能会出于好心给一些钱，这种情况，即便事后发现遇到骗子，也不用因此懊恼，觉得自己帮助人的心受到了损害。就算善心让坏人利用了，善心也是善心，总好过冷漠和麻木不仁。

助人要注意态度

我带着四岁的女儿看《锁麟囊》时，有一个情节她不明白：薛湘灵让丫鬟梅香把锁麟囊交给赵守贞的父亲，赵父坚决不要，而换成管家薛良去给，赵父就收下了。原因是，自从避雨相遇之后，梅香总对赵家有一种高高在上的态度，赵家不接受，认为梅香给锁麟囊是嗟来之食。

四岁小孩看不懂的地方，就在于她还不了解，帮助别人还要让别人好接受，不能拿出一副高高在上的姿态。

如果我们想把帮助他人变成生活的日常，不妨从两个方面着手。一方面就是常常带着同理心去看待别人，这样我们就会经常发现能够帮一下别人的地方，即便没有特别的机会让我们帮助他人，认真高效地把自己的工作做好就是帮助他人。

另一方面是，可以制订一个捐助小计划，定期定额地做一些捐助，这件事很容易做，手机支付就能搞定。我每年都设一个捐助预算，一部分是日常的一些定期捐款，比如给贫困学生的午餐，给山区女童的学费，按月从手机里自动支付；另一部分是遇到特殊情况，比如疫情、灾情等专门的捐款。每年我都要检查这个预算的执行情况，超预算捐助当然很好，但如果快到年底还没有完成预算，就要“突击花钱”，把年初定的目标实现。

这样的习惯既能帮助别人，也可以不时地提醒自己，还有很多因为各种条件限制而身处困境、真正需要帮助的人。我们的一个小善举，可能就能解决困难地区的一个孩子、一个家庭的大问题。

第四章

把职业融入自我，不要被职业反噬

在工作中找到自己的心流

“现在 90 后的小朋友，真是不好带了，不知道他们在想什么。”这是我和同事、朋友聊天时常常听到的一句无奈的感叹，这些人不仅包括来自律师事务所的合伙人，也包括来自其他行业的大小领导。

接着他们便会分析原因，大概最后会归因于 90 后生活得太好了，从小没吃过苦，即便短期内不上班，家里也能接得住。于是大家仿佛找到了正确答案，再感叹一下前几代人是多么不容易，就算把这个话题了结了。

仔细想想，这个答案对吗？再仔细想想，这个问题提得对吗？

在我看来，一代人有一代人的特点，但是在每代人里，都有崇尚奋斗的人，也都有偏爱安逸的人。我从来不觉得 90 后、95 后里崇尚奋斗的人少了；恰恰相反，正是因为社会发展了，个人的机会多了，爱奋斗的小朋友才会对自己，也会对自己服务的单位提出更高的要求。

即便说“90 后不开心了更容易辞职”是真的，也没看到哪个有能力的小朋友辞职后，长年累月地在家里待着，甘心接受家里的供养。

遇到不喜欢的工作就离开是社会进步的体现

因为生活好了，所以不上进，这是“一代不如一代”的陈词滥调的另一种表达法，但想想就是不对的。如果真的一代不如一代，人们的生活应该变差，90 后应该更不敢辞职才对吧?

我出生于 1980 年，算是晚 70 后、早 80 后的那拨人。我们这代人经历过不富裕的年代，但是没有到要饿肚子的地步。这一代人独生子女占大多数，我们从小也是被贴上“小皇帝”“小公主”“身在福中不知福”等各种花式标签，这是我们所经受过的“一代不如一代”论调的 PUA[①]。

我记得小时候有个纪实文学作家写了一篇宏文，对比中国与日本的孩子在一个户外活动中的表现。这篇大作一出，让我们这些当年的小孩立刻感觉到，国家要败在我们手里了；也让信奉“一代不如一代”的老师、家长有了最新的日式武器，可以鞭策即将垮掉的一代了。今天再看此文，可以作为“先有观点再找证据”的样板，称得上是“带节奏”创作手法的开路先锋。

① PUA，全称“pick-up artist”，原意是指“搭讪艺术家”，现在一般是指通过展示优势面，对对方进行索取，不论是身体或者钱财等一系列好处的行为。——编者注

再往上一代人，生活在全面计划经济的体制中，即便对工作不满意想跳槽，也是难上加难。那个时候毕业后就业不叫“找工作”，叫“分配工作”；换工作叫“调动工作”，调动是被动的，有个上级的大手把你吊起来，动一动；既不能买房子，也很少有租房子的，要等着单位“分房子”，分来的房子不合适，离家太远，无法卖掉，只能到处询问，或者在电线杆子上贴小告示，找个可互相匹配的人家来“换房子”。

在个人自由严重压缩的时代，年轻人也想不开心就不干了，却不可能。所以今天的年轻人，换工作比以前更频繁，遇到自己不喜欢的工作就离开，是社会进步了，是人更自由了，而不是“一代不如一代”了。

从现实层面判断工作是否适合自己

我没有换过工作，不等于我没有动过换工作的心思。有一句关于幸福婚姻的话，“再恩爱的夫妻，一生中也有 200 次想离婚的念头，以及 50 次想掐死对方的冲动”。工作也是一样。回顾我在这家事务所工作的 20 年，我至少有 100 次要换工作的念头和 25 次想把计算机从窗户扔出去的冲动。当然这样的念头和冲动集中在刚工作的前几年，后来慢慢找到了一丝脆弱的平衡，这种念头和冲动也就少了一些。

工作都有两面，一面是现实，一面是情怀。但是现实是情怀的基础，情怀是在现实还维持得下去的基础上才能谈的。

我们看看现实的层面里应当遵循哪些准则。

首先是工作内容不令人反感。工作不是听书、看戏、打游戏，必然不能令人时时开心，但是不反感是一个基本要求。令人反感的工作内容，可能是太难，也可能是太简单，还有可能是与自己的价值观不符，比如向老年人推销奇怪的理财产品和莫名其妙的保健品。较为理想的工作内容是，有点难度，但是随着经验积累越做越好，还能时不时接触点新东西。

心流，既是一本书的名字，也是一种理论，它讲的是当人专注地做某件事的时候，可以产生的一种愉悦感。这个理论的发明人，也是这本书的作者，叫米哈里·契克森米哈赖，名字有点长，我在这里就简称米老师吧。米老师说，游戏和体育活动是容易产生心流的，因为这些事能让人专注并且总想做得更好。如果你在工作中时不时有做游戏和体育运动的感觉，那么看起来你离感受到“心流”就不远了。有的年轻人把工作比喻成升级打怪，有这个玩游戏的心态，就找到了一种应对更具挑战性工作的方式。

投笔从戎的班超，大概就是因为文书抄写工作太没有挑战性，他无法产生心流，所以才有了“大丈夫……安能久事笔研间乎”的豪言壮语。以班超后来的事迹看，也只有出使西域这类文武全能的事，才能让他觉得有足够的挑战性。

其次就是工作压力要适当。压力来自两个方面，即事情和人。事情就是上面讲的工作内容。工作内容过难，肯定会压力倍增，总有一种“我真是不会”“我干不下去”的感觉；反过来说，工作过于简单，一点压力和挑战都没有，人也会觉得不舒服，有一种浪费生命的感觉。

回顾我的工作，压力最大的时候是工作后第二、第三年。第一年我还是小朋友，自己什么都说了不算，得听别人的，被派到各个项目上做尽职调查，写合同摘要，填各种表格，就这么晃晃悠悠地还通过了司法考试。第二年开始，原来带我干活儿的几个高级律师有的换了工作，有的出国留学，我一下子要开始直接面对合伙人和客户，压力陡然升高。

工作内容本身压力就很大，再加上不熟悉的客户业务、不熟悉的英文合同，让那时的我一开会就紧张得不得了，甚至几十万、几百万这样的英文数字都说不清楚，恨不得要先把数字写下来，才能念出来。另外就是领导和客户的要求高，压力也非常大。我在律师里面不算最细心的那类人，有时会出点小错，但是这点小错在高标准的领导和客户那里，就成了很严重的问题。同时，律师这个工作，无论是诉讼还是非诉讼，总是有点对抗性的，毕竟利益不一致嘛，哪怕是双方一起开公司的谈判，也是唇枪舌剑、各不相让的。我这个人天生散漫随性，在这种高对抗性的环境里很不适应，也不喜欢那些人说话的方式，更不想让自己变成那样。

那一两年我是相当苦恼的，我甚至跟家人说，我感觉自己进入了一个最不适合我的行业，其中发生的一切仿佛和我的秉性都是相反的。现在说起来那段经历，很多朋友都不太相信，说“看你状态一直都挺好的啊，没感觉你曾经那么不适应”。我却真切地记得那种感受，特别是当我说出来“最不适合我的行业”那句话的时候，我心里也是一惊，因为一句古语在我头脑中炸响——“男怕入错行，女怕嫁错郎”，这“入错行”的一闪念，仿佛给自己的人生提前宣判了一个悲惨的结果。

现在回看当时我的情绪反应，大部分是由压力过大造成的。人一有情绪，就容易说绝对的话。后来业务熟悉了，领导和客户的脾气也摸得差不多了，那些剧烈的情绪反应自然就少多了。

人的压力说的是人际关系的紧张程度。上面说的领导和客户要求高，还属于工作内容压力的范围，而人际关系指向的则是同事之间好不好合作，是不是团结，新人是否容易融入集体。我所处的事务所人际关系相对简单，我在这方面的困扰较小。事务所气氛好，同事之间相处得像同学朋友，会更让人待得住。

苏东坡每次到朝廷中枢当官，就不停地上书请求外放。他是不想做宰辅吗？肯定不是，哪个忧国忧民的大文人不想做帝王师呢，他是实在受不了身处要枢而受到的各方面的攻讦。太后再信任苏轼，也没法把他留在朝堂。这就是一个工作内容是自己喜欢的、领导也是支持的，但是人际关系差到没法做下去的典型案例。

最后是工作时间也要适当。长时间的工作会增加疲劳和厌倦感，也会让压力提高，情绪走向负面。工作时间长分为两类：一个是马拉松式的耗钟点，每天都工作 10 个小时以上；另一个是上下班界限不明显，个人的休息时间，比如周末、假期，常常被工作打搅。如果遇上一个结合了这两个特点的工作，本身工作时间很长，下班后还被打搅，那工作的满意度一定不太高。

工作把人变成工具，让人觉得自己是个工具人，最有杀伤力的武器就是长时间工作。工作久了，人的灵敏和活泼都会损耗殆尽。而人本身是有多种需求的，年轻人要恋爱，中年人要顾家，不同年龄的人都要有自己的爱好、自己的朋友。长时间的工作扼杀了这些作为一个人天然的需求，所以才让人有被异化为工具之感。

哲学家周国平说过，闲暇和休息也是神圣的。只是劳作，没有闲暇，人会丧失性灵，忘掉人生之根本。

“摩西十诫”中的第四条就是“安息日要守为圣日”，不可以工作。这么看来，古代宗教对人的根本关怀到了今日资本横流的世界，更具有终极的意义。

以职业观和事业观交替观照工作情绪

工作内容不令人反感、压力适当、时间适当，这三件事属于工作的“性”，这份工作能挣多少钱就是工作的“价”。一个工作合适不合适，最终是靠性价比来决定的。

虽然有不少例外，但我们仍然可以简单地说，一般的工作，都是性和价成反比的。如果工作的性比较容易掌握，即内容、压力、时间都令人愉悦，那么价格即工资就不会太高；如果工作的价很高，那么工作的性，即内容、压力、时间，就会有一方面或者几方面都不令人满意。

我们再画一个简单的示意函数：

横轴 P 是工作收入，P 越高收入越高。

Q 是工作性质，即工作的内容、压力、时间等，Q 越高，工作要求越高，人的舒适度就越低；一般 Q 和 P 成正比例关系，即工资越高，工作压力越大、要求越高；假设 Q 和 P 之间普遍接受的正比例常数是 k'，图中 A 线（直斜线）就是 $P=k'*Q$。

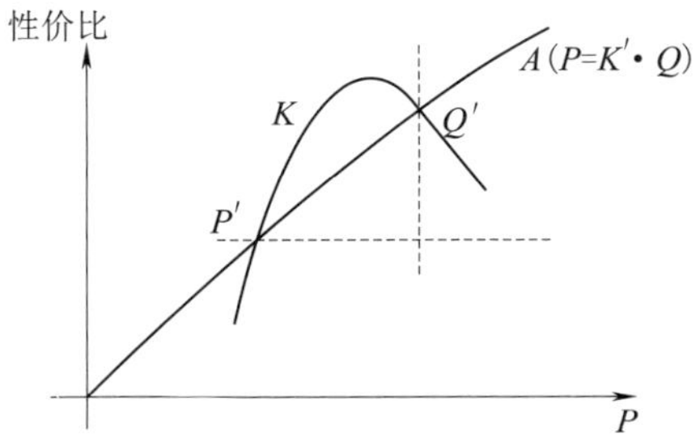

纵轴是工作性价比，用抛物线 K 表示。K 线的走势是，随着工作复杂程度提高，收入也提高，性价比在升高，但是到了一定位置，性价比升高得慢了，K 线到了一个平台位置；随着工作要求更高，收入虽然有提高，但是性价比 K 线开始掉头向下了。

K 线和 A 线在两点交叉，Q' 和 P'。Q' 是可以接受的最差工作体验，P' 是可以接受的最低工资收入。人们的选择一般都在 Q' 以左、P' 以上的这段性价比区间之内。

而每个人的能力不同，生活的重心不同，所以这个公式里的每个值都要根据个人偏好加上权重，画出自己的工作性价比曲线。

正是因为有 Q' 和 P' 的存在，我们不是什么高薪的工作都能做下去的，也不是什么无所事事的活儿都能心安理得天天一直“摸鱼”的。我的一些朋友在国际投资银行、华尔街律所工作，每月收入都以几十万人民币计，但是天天嚷着要换工作。他们真换假换是另外一回事，但是工作的满意度很差倒是真的。所以高薪买不来满意度，高薪只能延缓跳槽的时间。

著名企业家冯仑曾经总结道，人要感到幸福就三件事：有点闲钱，有点闲工夫，没有是非。他点出了工作现实层面的三个方面：

工资是不是够高，时间是不是可控，周围的人际关系是否良好。

从情怀层面判断工作是否适合自己

上面说的工作的性、价和它们的比，是初级层面的需求。人从事一项工作，总还要追求更高层面的东西，我们可以笼统地称之为情怀。

我们再来看看情怀里都包括什么。

首先是尊重，这个尊重既包括社会对这个行业的尊重，也包括对个人的尊重。提起某个行业，让人肃然起敬，会给人这种尊重感。对年轻人来说，行业受到尊重，或者所处的位置受到尊重，会给个人带来很大的职业满足感。

我喜欢的京剧名家王珮瑜老师——戏迷爱称她为“瑜老板”——上过一次《奇葩大会》。在那么多自带流量的名嘴中，瑜老板的出场获得了不一样的特殊尊重，全场起立欢迎她来到奇葩大会。瑜老板在后来的采访中说，“我知道那不是给我个人起立鼓掌，是给我代表的京剧这个厚重的民族艺术鼓掌”。这就是处在一个受人尊重的行业，会提升个人的职业满足感。

我有一位好朋友，在很重要的政府部门从事与互联网相关的法律工作。以他的学历和本事，要是跳槽去跨国公司或者互联网大厂，我猜工资要翻七八番也不止。虽然他也考虑过职业切换的问题，但是他和我说：“我现在这个工作有个无法比拟的优势，就是我虽然不是什么大官，但是常常和我一起讨论问题的人，都是互联网行业响当当的风云人物，我换一个工作就没有这样的视野和高度了。”可以想象一下，你打个电话就能请来好几位互联网大佬、顶级科学家、企业界的知名人物坐下来和你一起开个会，这个职业尊重感也一定是满满的。

相反，有些行业因为各种各样的原因不太受尊重，作为身处其中的个人就会感到不适，有时候努力工作，反而南辕北辙，更加固定了这个人在行业中的形象。初入职场的年轻人，难以改变行业形象，也难以摒除行业的刻板印象，立刻成为一个受人尊敬的人，所以行业的选择是个重要的事情。如果一个人的工作长久地缺乏尊重感，他是坚持不了太长时间的。

其次是工作的社会意义。一般来说，社会意义越大，就越能受到尊重；社会意义越大，职业满足感就越高。比如教师、医生、科学家这些职业，都有明显的社会意义。经常会有人说，明星、网红受到太多关注，挣了太多钱，而做基础研究的科学家却坐着清贫的冷板凳，这不公平。这个观点的出发点就是这两类工作的社会意义大不相同，而境遇却相反，所以有不公平之感。

我在大学毕业前因为参加了一些活动，有机会进入媒体行业，但我想了想还是放弃了，当时的想法还是学以致用，做个法律人可以为国家和社会做很多的事。当然，媒体工作也有很高的社会意义，丝毫不亚于律师行业，但那并非我的专业特长。可以看出我在 22 岁做职业选择时，还是挺在意社会意义的。

最后是个人需要实现更高价值。更高价值的实现，是把工作的现实层面和情怀层面结合起来达到的境界。从工作现实层面

国会山

说，一个人要把工作做好、做久；从情怀层面说，这个工作为个人、为社会都带来了价值。这两个方面结合起来，人会获得很大的职业满足感和人生成就感。

我们常常能够读到的或者听说的那些楷模，从劳动模范到商业领袖，受到国家表彰的科学家、医生、教师、警察、运动员，乃至为国牺牲的英雄烈士，都是把自己的不懈努力投进了一个更大的事业当中，用青春、才华、品行甚至生命，实现了一种更大的价值。中国古代神话中女娲以身补天，其实就在喻示将个人投入更大价值里，把自己化成一块石头，让天不再漏，让万民安生。

和平年代的工作不见得有许多“女娲补天”的机会，但是把一项工作做好做精，获得社会尊重，感受到自己对社会的贡献，实现了更高的价值，这样的人还是俯仰可见的。

情怀和现实有时候是矛盾的，特别是对年轻人来说，只谈情怀不管现实的领导和单位是不真诚的。被各种现实问题烦恼和纠缠的年轻人，有时候会对情怀不屑一顾，因为现实太多问题都没法解决，对总拿情怀忽悠人的领导有天然的防骗警觉。情怀就像天上的月亮，它在那里，你心里有它，就是合适的距离；天天把情怀挂在嘴上，就像一直抬着头看月亮，却不看脚下的台阶，反而易有眼高手低之讥。

情怀和现实也是面对工作时候的情绪调节器。工作不顺利的时候，就该想想这是现实，是我养家糊口的一份工作，那些令人生厌的人都是给我钱的；工作顺利的时候，就可以想想情怀，抬头看看月亮。我也时不时会这样，烦的时候觉得这是一份无奈的职业，顺的时候觉得这是一份值得追求的事业。用职业观和事业观交替观照着你和你的工作情绪，也不失为一种自我心理按摩。

肖微律师是君合的创始人之一，也是君合多年的管理合伙人。有一次肖律师接待了一些从各地来参观访问的律师同行，为他们讲了讲君合的业务、管理和文化，然后带着大家参观办公室，我也陪着参观介绍。转着转着，一位同行忽然问我："肖律师的办公室在哪？"

我说："肖律师没有办公室。"

同行疑惑，我接着说："肖律师倡导移动办公，他自己不要办公室，平时就坐在君合咖啡厅一角办公、谈事情，需要开会就去会议室。"

同行说："他可是业界资深的大咖啊，君合这么大的一个所，在这样的写字楼里，一家就占了五六层，他自己竟然没有一间办公室。图啥啊？"

我愣了一下，还没回答上来，同行就自问自答地说："情怀吧。"

这个小故事记录在此，作为"情怀"二字的一个注脚。

专业精神 = 专业本领 × 人品 + 专业形象

我第一次听说“专业精神”这个词，是在律所当实习生的时候。我跟着一个项目团队在中国内陆的一个工业城市做尽职调查。项目需要的人很多，北京、上海、深圳等地的律师都陆续前往支援。当时那个城市交通不便，只有绿皮火车能到，还可能要倒一两次车。

我坐了一天多的绿皮火车到了那里，那也是我工作生涯里的第一次出差。有两个年轻律师本来应该和我一起到，但是临行时有别的工作耽搁了。我到了项目现场报到，现场负责的合伙人说：“那两位什么时候来?”我说不清楚他们后来改签火车票的情况。合伙人就给他们其中一位打了电话，那位年轻律师说：“我们已经出发啦，到郑州再看情况，可能明后天到，也可能周末才到。”

挂了电话，合伙人对我们说：“这太没谱了，什么叫 professionalism？就是我哪天走哪天到，要清清楚楚，不能一问就是，‘哥们儿，我已经在路上了，你们等着吧’。”合伙人模仿得很有趣，情景喜剧《我爱我家》里梁天扮演的贾志新的形象跃然眼前。

直到今天，这个情景历历在目，因为我听到了一个词——professionalism。这个词可以翻译成“专业主义”或者“专业精神”。对于当时的我，那绝对是个新词儿，听着陌生，但是好像又很高级。“professionalism”这个词在我的人生中第一次出场，它让我隐约感到，我即将驶进一片未知的海域。

自那时起，我会时不时思考一下，什么是专业精神。它不存在于我从小到大生长的环境里，也不存在于学校的教育中。顾名思义，它有专业过硬的意思，但又不是仅仅在谈论专业知识和能力问题，它似乎还涉及一些人的行为举止。回顾一下成长中学习过的诚实、勤奋、认真、有诺必行，这些品质仿佛都和专业精神有点关系，但是也都不能直接画等号。

我开始留意身边同事和工作中遇到的人，他们说话办事是不是够 professional，通过观察和收集“素材”，慢慢地我对专业精神的理解丰满起来。我逐渐在前辈同事中发现了一些专业精神的样板，他们各不一样，但是都有一种与律师专业相契合的气质。这样的人在专业服务领域里有很多，但是大学生在进入这个领域之前是很难见识到的。进而我想，如果让我来讲，我怎么给即将毕业的大学生、研究生讲清楚什么是专业精神呢？

直到有一天，在英剧《唐顿庄园》里，我认识了管家卡森。他的形象做派一下子让我头脑中的一个灯泡亮起来，这不就是专业精神的一个生动范例吗？即便没有进入专业领域的年轻人，也可以通过观察卡森来感受一下专业精神的点点滴滴。

卡森的专业能力自不必多说，他对庄园里的各种事务了如指掌。无论是裁缝、饭菜、红酒、餐具，他都能准确精细地安排妥当。除了这些硬本事，我更加注意他的“软”专业气质，而这些“软”的东西，恰恰是卡森的精髓：汇报请示说话有分寸，努力维护庄园家族的形象，管理众多仆人有条不紊，个人生活简单隐忍，衣着发型一丝不苟。这就是一个满分的专业管家的形象。

和卡森做个对比，国内的文学作品、影视作品里也有管家形象，《红楼梦》《大宅门》里管家众多，有好人也有坏人，能力强的管家也不少。但这些管家人物都没有拔出一种卡森式的专业范儿。细究原因，可以看到中外作品里的中国管家和英国管家所处的社会文化和历史阶段都不相同，人身依附关系的紧密程度也不同。卡森更像一个现代经理人，只不过服务一个家族的时间很长。中国的管家似乎没有形成一个职业，更多的是凭着机灵劲儿在办事，对东家的依附性很强，其实就是“高级家奴”。

专业主义包括什么？

起初我对专业主义不是很熟悉，感觉它就像一团迷雾。观察几年后，再借助卡森的形象，这团迷雾消散了一些，我可以看清楚其中的一些东西了。

专业主义是你要具有做好本职工作的知识和方法。日常工作中，我有一些机会接触到一些国际上资深的大律师。他们基本都年过半百，专业声望很高，是自己事务所的管理合伙人。我总爱在和他们聊天的时候问问：作为功成名就的前辈，你们对年轻律师、新晋合伙人有什么建议吗？他们的回答不尽相同，每个人都有根据自己的经历总结出的侧重点，但是他们都会说一句话：be good at what you do——专业过硬。

更进一步，**专业主义还需要你具有一些与工作相匹配的品质，**如前面说过的，诚实、勤奋、认真、有诺必行，总的来说就是靠谱。靠谱也包括你对自己处理的工作所需要的时间、费用、困难的估计，这些都应该比较准确。

再深一步，**专业主义需要你收敛自我，**或者说专业主义期待你展现出标准的做派和形象。电视剧中卡森如入化境般的专业范儿，就是把这一点做到了极致。这个要求对我们普通人来讲很难，收敛自我是个让人难受的事，有时候只有收敛还不够，甚至要重组某些自我的特质。被职业改造自我的过程并不愉快，而且这个过程还是长期的，不仅仅是孙悟空被关进了炼丹炉七七四十九天那么简单，还有后面被压在五行山下的五百年，以及西天取经路上的九九八十一难。

收敛自我的本质，就是把自己的个性、随性和率性藏起来，藏在专业主义的外衣之下。这件外衣很厉害，如同哈利·波特的隐身斗篷，把你的自我隐于无形之中；又像穿在猪八戒身上的珍珠衫，紧紧地勒着你让你难受。你说话要严谨准确，你的情绪仿佛是没有波澜的湖水，你的衣着服饰看起来要和这个职业相符，高级、标准但是没有个性。当你找到这些感觉的时候，恭喜你，你已经走在专业主义之路上了。接下来的职业生涯，就是把这一套磨炼得更加精致和不露痕迹。

听起来怎么样？有的人觉得这样很好，愿意脱胎换骨做一个完全具有专业精神的人；有的人觉得这有点可怕，甚至细思恐极，从心里抵触这种改造自我甚至抛弃自我的方式。这是两个极端的意见，大部分人都是在这中间的，我也一样，在中间而且是移动的。回顾我刚刚上班的那几年，时而为举手投足有点专业律师的样子而窃窃自喜，时而又为了职业对个性和个人时间的侵略而烦恼不已。

职业不等于人生的全部

我对专业主义是赞成的，做一行就要有一行的本领、品质和形象，但同时我对专业主义也是警惕的，搞偏了可能就会掉进两个大坑里。

第一个大坑，专业主义的外在胜过了实质。本领、品质和形象三者中，本领和品质是核心要素，形象是重要要素，但是不能逾越本领和品质的水平。网上一个玩笑说，一个人作的程度要控制在颜值的范围内。同理，外在的专业范儿不能超出专业能力的范围，否则就成了那副名联所比拟的人物：墙上芦苇，头重脚轻根底浅；山间竹笋，嘴尖皮厚腹中空。

日本管理学大师稻盛和夫有个人生方程式：成功 = 思维方式 × 热情 × 能力。首先，这三个因素是相乘的关系，也就是每个因素都会几何级地放大成功的结果。其次，稻盛和夫也严肃地指出，思维方式可以是负值，他说的思维方式包括态度、品德、伦理观这些内容，如果思维方式错了，那么结果就会谬以千里、南辕北辙，甚至能力、热情越大，在负值的思维方式的乘法助力下，错得越离谱。

比照这个公式，我们也可以写个专业精神的公式：

$$P=CQ+i$$

其中，

P: 专业精神；

C: 专业本领；

Q: 人的品质，小心！它可能为负值；

i: 专业形象，应注意使 $i \leqslant CQ$，即专业形象要在专业能力和品质的范围内。

请注意，这里专业本领和人的品质是相乘的关系，权重很大；小写 i 代表专业形象，只是在乘积上的加减分项。

第二个大坑，就是走进专业主义过了头，自己走不出来，完全丧失了自我，变成了专业主义模板里倒出来的一块样品。假如孙悟空在炼丹炉里变成了一粒仙丹，在五行山下化作了一块石头，在到达西天时变成了唐僧，那是多么可悲的事情！

职业可以在很大程度上定义我们的人生，但是职业不等于人生的全部。在专业之外，我们还是一个有着多重角度、多重角色的个人。被专业主义打得粉身碎骨再造出来一个自己，应该属于用力过猛，除非这个人的过去太不堪，需要用职业重塑他的人生，这就有点劳动改造的意味了。大多数人是没有这个必要的，做自己挺好。

《唐顿庄园》里的卡森，在让人敬佩之余，也让人同情，甚至觉得他有些可怜。这种同情和可怜大概就来自他为职业把自己压抑得太狠了。比卡森还要登峰造极的一个英国管家的艺术形象，是石黑一雄的小说《长日将尽》中的史蒂文斯。史蒂文斯对管家专业精益求精的追求不亚于卡森，在一段时间内也是高朋满座的庄园的总经理，但是当他晚年回顾一生时，他抛弃的亲情、放弃的爱情和有意无意做的给纳粹当帮凶的事情，让他成了一个僵化的专业主义的牺牲品。史蒂文斯作为一个专业人士的成功，恰恰是他作为一个人的失败，每读至此，不禁让人掩卷长思，不胜感慨。

一个年轻的大学毕业生，开始了他的职业生涯，如同在专业主义的迷雾中行走。渐渐地，他辨识出了一些物体，找到了一些方向，不断地沾染专业主义的气息。等到他在职场中成熟了，工作游刃有余，专业独当一面的时候，他也就从这片迷雾中走出来了。他走出来的时候，我们希望看到的是一个在专业上能够收放自如的人，本质上说他还是他自己，只不过专业的历练让他在生活的各个方面都更加成熟、更加从容、更加靠谱。

炼丹炉里烧出来，他练就了火眼金睛；五行山下爬出来，他成了取经僧；一路妖怪打过来，他成了斗战胜佛。但是我们还都认识他，真真切切，原原本本，他就是孙悟空。

想少加班就要在工作交接上动脑筋

刚刚上班的时候，我对加班很不适应，就总思考一个问题：人为什么会加班？我也向别人请教过这个问题，有位合伙人对我说，我们是服务行业，所以要加班。她说得心安理得，看起来是已经说服了自己，但是并没有说服我。

这逻辑不通啊！如果说是服务行业就要加班，那百货大楼是服务行业吧，售货员卖了 8 小时货，她下班了，下一个售货员过来接着卖，不用加班啊。

不是服务业，比如第一产业——农业，到了抢收庄稼的时候，也要加班。所以服务业和加班之间没有因果关系。理论上说，抢收庄稼也可以像百货大楼一样，不加班。这几位农民收几个小时，下班，换一拨人接着抢收。但是现实中家家收自己的庄稼，是没有人可以替换的，只能没黑夜没白天地加班抢收。

可以看出来，类似庄稼抢收这种加班，是因为事态紧急而且人手不够造成的。但是律师加班仅仅是因为活儿很急且人手不够吗？

我有个在美国当律师的朋友，她也是我在 Multilaw Academy 的学生。她来自华人家庭，父母是早年去美国做餐饮的华人，他们不太会说英文，基本上就生活在中国移民圈里。我这位朋友出生在美国，读了法学院，在一家很好的律师事务所工作。她说，她父母非常不理解她加班，每次回家 10 点多（在律师的日常里，这并不是一个很晚的时间），父母都要说："怎么这么晚才回来？你们老板可真是的，如果你做不完，就应该多雇几个人一起做嘛！"

我笑过之后想，为什么律师事务所不能多雇几个人，让大家都不加班呢？纯粹是因为合伙人黑心，舍不得多花人力成本吗？

难以简单交接的工作

按这个思路假设一下，看看会发生什么。比如，今天的合同我没写完，我到点要下班了，像百货大楼一样，这时候我的夜班同事来接班了。我对他说，这是我今天写的合同，第一条写了 6 页，都是定义，还有很多没写上去，要和后面的条款协同着写；第二条是交易结构，写了 5 页，但是其中这条、这条还没定下来，原因是……第三条是价款的支付和调整，现在写了 8 页，价格调整的机制是……

我想这样一场交接下来，一个多小时就过去了，我的夜班同事还不见得像我一样全明白了这个合同的要点和逻辑。但是我手上还不只这一件事，我还要把另外在写的一个备忘录交接给他或者其他人，要把明天一早开会的准备工作交接出去。但是明天开会的人是我，他即便准备好了，在什么时间、怎么告诉我呢？明天我来上班，夜班同事是不是还要同样花一小时交接给我呢？

看起来，某些工作的交接难度大、时间成本高，是难以通过增加人手来避免加班的主要原因。我猜测，程序员写个复杂的程序、需要创意的设计师或者外科医生也是如此吧。比如一台需要做十几个小时的那种复杂手术，外科医生做到8小时说，我下班了，然后交接给刚来上班的医生，这个血管我这么夹着呢，一会儿你给打开，那一块切除的我还没割干净，一会儿你再刮刮，病人的指标有些不稳，一会儿你……

难以简单交接的工作，就意味着你更可能要加班。从好的一面说，这类工作很看个人水平，一旦做好了，不容易被替代。但从不好的一面说，不容易被替代有时候也不是什么好事。我有时会对组里的同事说，这事你不要搞得只有你自己知道是怎么回事，要不然你连休个假都休不踏实。

历史上雍正皇帝号称勤政，天天不怎么睡觉，给大臣回奏折，据说他当了13年皇帝，写下的御批有1000多万字。雍正为什么老加班？一样的原因，交接极其困难，甚至就是没法交接。清朝实行奏折制度，奏折都是秘密的，只能给皇帝看，别人不许看。皇帝之所以建立奏折制度，就是不相信周围的人，不仅朝廷里的宰相大臣他不相信，宫里身边的太监他也不相信，他们怕重蹈明朝宦官专权的覆辙。这样一来只能自己加班看，还得写朱批。这些奏折说正经事的有，但是也有不少是请安的、闲聊天的、讲八卦的，皇帝也得加班看，至少还得写三个字“知道了”。他不放心别人，也难以找个秘书替他办这件事。所以清朝皇帝累，那也是自己揽权，给自己找的累。

你要问雍正皇帝“996”什么感觉，他可能觉得挺好，还不如他日常工作强度大。但是我们普通人，既不想主宰江山，也不想青史留名，更没有愧对列祖列宗的压力，天天加班到天昏地暗、人生失色，图啥呢？

当我们到欧洲一些国家转转，尤其是南欧，会发现那里的社会风气真是大不一样。除了那些“天经地义”要加班的，比如律师、会计师，大部分工作都是到点下班，甚至没到点就已经在楼下喝着咖啡等点了。下午 4 点，你看咖啡馆、啤酒馆门口净是端着杯子聊天的，他们也都穿着衬衣、挂着胸牌，一看就是从办公室里出来的，衣服还没换，但是今天的活儿已经结束了。

这种“快乐和谐”的景象实在让人羡慕，这也是大家去欧洲观光喜闻乐见的一景，光看看人家翘班喝酒，就给了我们这些加班人莫大的心理按摩。但是从国家发展的角度想，这真的是我们想要的吗？要是有人说，希腊、意大利的今天就是我们的明天，你肯定不爱听，这不是什么好话，有点诅咒人的意思了。

因人而异、因事而异的加班生态

加班这个事到底烦不烦，有时候也得看内容。我是一个可以熬夜或者早起看书写东西的人，但是换一个活动，我就干不下去了。上大学的时候，我有时候给一些品牌主持产品发布会，挣点零花钱，那个工作节奏我就难以适应。发布会一般都是某天的下午或者晚上举办，但是等场地腾出来能给你用，一般是前一天的夜里。等搭建得差不多了，主持人可以走走台、试试音响了，基本都是后半夜了，有时候甚至彩排到天亮。活动当天上午可以休息一下，下午又得过去，还有些最后的彩排，然后才是活动开始。

每次在深更半夜等彩排的时候，我就好奇地看着那些负责这场活动的忙碌着的老师，他们大都是广告公司的人，也有音响、灯光的专业团队。我想他们也想睡觉，不想黑白颠倒地工作，可是他们脸上并没有像我一样露出来各种烦躁。他们一边有条不紊地工作，一边还有说有笑，抽根烟，逗两句，接着干。那时候我还是个学生，这样的场景让我有点诧异，他们真是很有专业精神，做好自己的工作，根本不在意是白天还是黑夜。

当时我就在想，这种常年以晚上为主要工作时间的事情，我是做不来的。另外，我比较喜欢坐下来想事情，看点什么，然后写两笔，而不是在一个热火朝天的现场里和好多人一起工作。所以我常常说，大学生还是要多接触各种工作，在亲身体会中就有了比较和选择。

当然，我的律师生涯里也有彻夜工作的若干夜晚，大部分时候是在谈判。谈判的地方往往是北京东二环、东三环一带的高层建筑，边谈边看着北京城的落日余晖，然后是万家灯火，再后来就是夜深人静。最漫长的谈判还能让你看到晓月残星，旭日初升。半夜不睡，就会有点恍惚，我有时会望着会议室里的人想，是什么样的命运和什么样的缘分，让我们本不熟悉的五湖四海的人通宵聚在一起呢?

这时我会望向窗外，心里吟唱起《诗经》中的一首小调：

嘒彼小星，三五在东。肃肃宵征，夙夜在公。实命不同。

我和一位2500多年前，同样在半夜里为工作而奔波的祖先，在东方亘古不变的“三五小星”下，产生了跨越时空的命运共鸣，这不也是劳碌人能获得的一种意外的幸福吗?

正确面对职场中的错误和批评

人人都会犯错，这是事实，也是一条普遍真理。既然如此，人和人之间是否应该互相宽容，毕竟你也可能犯错，我也可能犯错。但是人类并不擅长于此，人有个本能，就是对待别人的错误甚为严格，对待自己的错误甚为宽容和善辩。正因如此，“严以律己，宽以待人”才成为至理名言，因为它是一种超越人性的理想。

对待一般错误的批评，要分事前事后：原则上，批评和提醒应该事前重，丑话说在前头，预防为主；事后轻，不要得理不让人。如果颠倒了前后轻重，员工的士气、团队的氛围都会受到影响。

在工作中，一个好的团队文化应该把重点放在如何防止出错，而不是放在出错后。防止出错需要建好流程，时常提醒，不断练习，以提高工作水平和熟练程度。从个人的角度说，职场新人要认真仔细，多问多想，少犯错，更不要犯大错。

建好防止出错的流程

要做到少犯错，**第一件事就是要认真**。说到认真，我有一个观察，许多年轻人都认为自己认真，但是职业里的认真，不仅仅是很善于玩“大家来找碴儿”的眼光和绣花的细心，职业里的认真不是一种孤立的素养，它总是建立在专业基础之上，是在理解了工作内容和工作目标之后的认真。认真就像一座青山上长满的小草，青山就是工作本身，认真的小草密密匝匝地遍布青山，看似不高不大，但是根扎在土里。如果你拔出几颗小草，拿回家放到花瓶里，展示出来说这就是认真，那就误会了认真，花瓶里的小草只能叫作标本。孤立的认真，就像被拔下来的小草一样，既失去了细密遍布的广度，又失去了土壤有机的依托，是没有灵魂的认真。

有一次君合举办开放日活动，邀请法学院的学生来事务所参观，我们也在其中物色合适的实习生。活动中，同学们要轮流介绍自己，我们也请刚刚工作了一两年的律师向同学们介绍他们的工作体会。他们毕竟离开校园不久，更知道在校的同学想什么。我的一位同事在君合工作了不到两年，他和同学们说：“刚才很多同学在自我介绍的时候都提到了自己是个认真的人，但是你们来到君合工作后就会知道，你说的那个认真不是君合的认真。”

我坐在听众席里，心里不禁为这句话击节叫好，就是这么回事！在从学生到专业律师的角色转换过程中，同学们需要把个人认真细致的品格和习惯与专业工作结合起来，并且贯穿始终，你的这份认真才有了生命，而不再是“无源之水、无本之木”的标本。

想少犯错，**第二件事就是合理地安排时间**，这既包括整个团队的工作分配，也包括个人的时间管理。每当事情多到忙不过来，或者连续加班疲劳作战，无论是团队领导者还是团队成员心里都应该有个预期：这里面会有错误，所谓“忙中出错”。人在催促和压力之下，敏锐度、判断力和情绪都会受到影响，出错的概率一定会大大提高。除了要特别注意检查和复核，更重要的是要对可能出现的错误有心里预期，这样就有了宽容的空间。

要做到少犯错，第三件事，**就是合理复盘**。复盘的目的是积累经验，优化流程，不是施加压力和追究责任。复盘是个围棋术语，后来被引进了项目管理中，让这个本来小众的词成了很多管理人士、投资人士的口头禅。我自己围棋下得不好，但喜欢看别人下。电视上有围棋赛直播的时候，我总能津津有味地看上一会儿。棋下完了，不论是盘中投子认负还是收官（也是围棋术语，后进入商业领域）之后数子，两位棋手都不会起身，而是直接开始复盘。这是约定俗成的习惯，他们并不会说“咱们复盘吧”，而是自然而然地就开始了。

投子认负的棋，局面还在，棋手就可以直接从最关心的局部说起。收官的棋，因为数子，棋盘已乱，棋手就从头开始落子，棋的进程都在他们心里，所以落子飞快，直到恢复出一个需要讨论的局部，两个人就开始研究。

围棋的复盘是一件很有风度的事情。下棋都有胜负，但是两位棋手要立刻放下胜负，直接回到技艺本身。复盘也是十分坦诚的事情，棋手会直接说这里我没下好，也会直接问对方你为什么不那样走。电视直播的围棋赛，一般转播到棋手开始复盘就结束了，其实我非常愿意再多看一会儿，看看他们如何复盘。两人厮杀一日，呕心沥血计算着胜负，而到胜负分明的时候，两人即刻化敌为友，将自己的计算、杀机、陷阱毫无保留地和盘托出，这个场面真有名士之范，甚至可称为道骨仙风。

围棋的复盘是一个经典的示范，告诉我们什么叫放下得失结果，对事不对人。而实际工作中的复盘，能做到这样去除情绪、专注业务吗？这就回到了一开始所说的犯错误时的态度。

错误伴随我们一生，从幼儿时的淘气，到青春期的叛逆，再到工作里的各种失误，错误始终伴随我们左右。可是进入职场后，人们仿佛变得更加怕犯错误，因为错误总连着责任。在职场中，错误就像一只排球，我要把它用力扣向你，你却把它死死地拦回到我的场地内。

大到团队，小到个人，都有一个需要不断学习关于“错误和批评”的课题，这个课题有正反两面：一面是，如何对待自己的错误，如何接受批评；另一面是，如何对待别人的错误，批评别人。

我刚工作的时候特别怕犯错，但是因为没什么经验，时间紧张，压力也大，时不时也会犯些错。我还算是个对工作质量要求比较高的人，所以出了错压力更大，有时候脑袋嗡嗡响，好一阵才能回过神来。慢慢地我就有了更多经验，至少知道在时间特别紧张的情况下重点检查哪里，比如数字不能错，名字不能错，过去模板上的信息要删除，等等。这些东西如果错了就特别明显，属于低级错误，特别容易惹怒领导和客户，所以时间再不够，也得把这几条把握住。

那时候，虽然我是个自我要求较高并且善于总结提高的新手，但是困扰我的一个问题是我不能平和地对待批评。当然，有时候遇到特别猛烈的批评，一般人也平和不了。那时候我就会辩解，非常不服。有时候领导会直接说，你不要这么 defensive（抵触）！有一个和我差不多级别的 M 律师，他脾气比我好，领导一批评他，他基本都认。那会儿一个合伙人半开玩笑地说我们俩："史欣悦是你说他什么，他都不服，然后他自己回去都改了；M 是态度特别好，你说什么他都点头，但是最后发现他是虚心接受，坚决不改。"

为了改改不爱听批评的毛病，我就把收到的各种批评邮件单独存在一个文件夹里，时不时翻出来看看，看多了就不觉得批评那么有刺儿了。后来这个文件夹在计算机和硬盘的各种更新迭代中找不到了，有点遗憾，要不然今天和本文一起发表出来，多有意思啊！我只记得那些批评邮件里面常常出现的几个词或短句：sloppy（粗心的）……terrible（很糟的）……I almost rewrite it（我几乎要重写了）…… I am so surprised（我很惊讶）……how come you（你怎么）……I am not happy with（我不满意）……经常看看这种邮件就没那么生气了，和打疫苗的效果差不多。

良好的工作氛围不怕“背锅”

有时候我们工作没做好，领导很生气，拍着我们交上去的文件说：“这是谁给你们做的基础研究，以后再也不要找他做了，是谁做的？！”这时我和M律师都会说：“我去改，我去改。”我们俩没商量过，但是不谋而合都是这种回应方式，不告诉领导具体是谁做的基础工作。当时领导就会更生气，心想：好啊你们，问你谁做的你还不告诉我！多年后，我们都成了合伙人，有一次大家坐在一起聊天，那位领导对其他合伙人说：“这两个合伙人的人品还行，当年我问他们底下小朋友谁把活儿做坏了，他们都扛着不说。”这件事让我感觉到，在一个风气良好的单位里，“背背锅”是无所谓的，群众的眼睛是雪亮的，领导的眼睛也是雪亮的。

每个人都会在职场中成长，有一天也会成为检查别人的错误、需要批评一下别人的人。批评别人的时候，先问问自己的目的是什么。如果你咽不下这口气，非骂他一顿不可，我劝你还是算了，既帮不了别人，还让自己现眼。如果你真的想要帮助别人提高一下，那就要注意批评的方式和态度。有人说，他错了，我还得注意态度？对，就是这么回事。无论是批评人还是帮助人，想让对方接受，就得注意态度。

注意态度有最基本的尺度，比如不损人，不挖苦人，还有一个重要原则就是对事不对人。我有幸观摩过“对人不对事”的批评，那场面真是绝了：批评人的时候，先把你从上班开始犯过的每件错误细数一遍，然后再帮你得出一个怀疑人生的结论；从

“我觉得你一直没有把心思放在工作上”，到“你应该自己想想适不适合做律师”。可以想想，挨完此等批评的人，走出那间办公室的时候，会是什么脸色。

也有领导不太批评人，发现错了就赶紧补救；补救也补救不了的，也就那样了，从流程和系统上想办法，下次避免。这种领导反而会让人反思得更多，甚至会盼着他说你一顿。他总不说，你就总觉得这件事没过去。

最后一点就是，在批评别人的时候，少说比多说好。如果要说，就把自己代入那个情景，去想想如果是自己处理这件事，我会通过哪些方式避免这种错误。要求别人做到的事，要先问问自己能不能做到，就像教育小孩一样，父母天天刷手机，然后看见孩子就问，你怎么不看书去？孩子心里肯定会反问一句：你看书了吗？毕竟，劝导别人最好的方式就是以身作则。

现在的我已经不那么抵触批评了。做了合伙人后，我会时不时收到客户的意见、批评和不满意，开始我还不爽，甚至有点生气，认为某些挑剔是过分的。后来我渐渐明白了，接受客户抱怨是我工作的一部分，这不是分外的负担，而是分内之事。从此我开始转变态度，无论意见合理不合理，能认下就认下，该道歉就道歉，先虚心接受了再说。自从有了这个心态，工作起来快乐多了，但是我也要警惕不要道歉道成了工具人，成了“道歉老油条”。道歉嘛，还必须是真诚的。

领导力不等同于个人魅力

在组织里工作，事情都是由团队完成的。有团队，就有分工，就有领导。领导者都是先被领导而后领导他人。一个组织里必须有顺畅的领导与被领导的关系，工作指示可以执行，有复核，有监督，有评价。大部分职场新人都是从当小兵开始的，一上来基本都处于被领导的地位。但是总有一天，你的领导会要你带着一个比你更新的新人去做一件事，你的领导会要你统筹几个和你平级的同事共同完成一项工作，这时候你就成了一个小领导。

做领导有时候有头衔，有时候没头衔，但是有没有头衔不重要，能够给出指令让其他人执行你的工作安排的人，就是领导。领导力也不是你具有领导头衔的时候才有的，而是从你第一次开始给别人安排工作时就需要具备的。

天坛

如何当好小领导

怎么当好一个小领导呢？**核心是以工作为中心**。以工作为中心，就需要这位小领导专注地去考虑，一项工作如何分工是合理的，时间进度是什么，阶段目标是什么，如何保证质量。相反，以工作为中心，就是不要以管理、人事、人际关系这些事情为中心。脱离工作而过分关注所谓“关系”是领导团队常见的误区。

初次领导团队，小领导的权威从哪里来呢？最可靠的权威来自工作实效，即在这个人的领导下，分工合理，进度满意，成品优良，这位领导就有权威。分工不平衡，时间表过松或过紧，成果不合格，这位领导的权威就无法树立。即便是带着领导的头衔，即便是很有个人魅力，离开了工作本身，领导和领导力也都无从谈起。

以身作则，是小领导最重要的事。劝导别人最有效的方式就是以身作则。如果分工时把难题都丢给别人，自己挑轻的，那么这个分工就无法服众。领导要求别人做到的事情，自己要先努力做到，即便没做到也要有自我批评，而不能只会批评不会做事，成了一个专业的“挑错者”，而不是一个“改正者”。我有个朋友是在市场里开店的，有时候我会在他的店里坐坐，也看看左邻右舍。店铺的老板都是天然的领导，但是他们的风格十分不同，有的人布置完工作，自己去一边玩游戏喝茶了；有的人给别人布置完工作，自己开始干自己的那一份，或算账算存货，或比比画画设计店铺陈设的改良。这两种领导风格下，店铺的面貌和员工精神是完全不一样的。对于没事干的老板，我倒是建议他布置完工作就回家，喜欢打牌就打牌，喜欢喝茶就喝茶，不要在店里影响工作氛围。

当个小领导，也得能扛事，说大一些就是要有责任担当。责任担当体现在认真思考后的果断决定，体现在遇到困难时的“我先上”，也体现在出现问题时的“我负责”“我善后”。一场球赛结束了，输的一方教练员大都会说“我负失利的主要责任”，这就是一个领导力在线的教练。如果他一会儿埋怨队员，一会儿埋怨裁判，这恰恰说明他的领导力不稳，离下课不远了。党中央要求党员应该“平常时候看得出来，关键时刻站得出来，危难关头豁得出来”，这是很高的要求，但是作为一个有担当的领导干部，应该向这样的要求看齐，至少是心向往之。

领导要做团队的“挡箭牌”，面对上级或者客户批评的时候，这些批评应该到领导那里为止。小领导不能是批评的传话筒，挨了上级批评，回来对自己团队原样批评一顿，“怎么趸来的怎么卖”，这个小领导就把自己变成了一个透明人，什么都没有过滤，也什么都没有提炼。这样的“透明人”，领导力堪忧。小领导更不能是扩音器，挨了上级三分的批评，心情不好，回到自己的小团队里，放大成了十分，给人一种都是团队害得他挨批评的感觉，这样的团队离分崩离析就为时不远了。

充分授权，有效监督

有的组织流行“甩锅”，甩锅都是从领导开始的。不是团队成员做得不好，就是别的部门做得不好。当甩锅成了组织里的普遍实践，这个组织也就成了一个“击鼓传锅”的“内卷”组织，不再具有向外扩展的生命力。

当个小领导有个技术活儿，就是得学会授权和监督，且能做到充分授权，有效监督。没有充分授权，分工就无意义。一个活儿分下去，就要相信这位成员是可以按时且保证质量地完成的，在截止时间之前沟通一下进展，或问问有无困难，都是正常的。但是有的小领导喜欢频繁询问，过一会儿问一下，成员会觉得很受打扰，而且仿佛领导不够信任自己。

授权的基础是信任，充分授权体现的是基于了解的信任。信任首先要了解，一个新人来了，没有一起工作的经验就直接派给他一个重要的活儿，等着到点提交，这是盲目的授权。还是要手把手地带一带新人，大家对工作能力和风格互相了解之后，再考虑授权分工的问题。

汉高祖刘邦说：“夫运筹策帷帐之中，决胜于千里之外，吾不如子房；镇国家，抚百姓，给馈饷，不绝粮道，吾不如萧何；连百万之军，战必胜，攻必取，吾不如韩信。此三者，皆人杰也，吾能用之，此吾所以取天下也。”这就是充分发挥个人优势的分工和授权。当然，在有职场新人的环境里，小领导一般都是能力和经验更胜一筹的人，不会出现刘邦这种纯靠别人干活儿，自己只做政治领导的情况。假使一个人年纪轻轻就学刘邦，做甩手掌柜，自己什么都不干，把活儿派给公司里的“张良”“韩信”，那也是读史书读到沟里去了，非翻车不可。

对于已经互相了解的同事，就要根据这位团队成员的能力和特点派出合适的活儿。活儿分出去了，就要充分相信，用人不疑，疑人不用。活儿派给人家，又不让人家做主，时时干预，这样的授权分工是低效的，甚至对组织是有伤害的。“将在外，君命有所不受”,如果第一线的指挥总是受到干扰,一定是要打败仗的。蒋介石的越级指挥、干预前线是非常有名的，杜聿明为了防止蒋的越级指挥，在淮海战役突围撤退时曾经要求部队关闭电台，防止蒋越级指挥，结果蒋还是要派一架飞机来空投命令，改变原先的撤退路线和方案，最终导致全军覆没。

授权的另一面是监督，没有有效监督，分工就无品质所言。团队的工作要保证质量，保持一致，需要团队领导细致的工作。工作开始前，要说明要求，统一体例和风格；工作中要时时协调；工作完成后要统一修改和调整。这些超越了一个人工作范畴的事，就是领导的事，这些没干好，就不能叫称职。有效监督不是给别人挑毛病，而是在以工作为中心的原则下，跳出分工的区隔，打造一个统一协调的工作成果。如果对工作的监督变成了对人的监工，就违反了以工作为中心的原则，会影响成员的士气和责任感。

领导力不等同于个人魅力

有的观点认为，领导力等同于个人魅力，这是错误的。首先，个人魅力不是领导力的必要因素，做领导只要秉持以工作为中心，懂得分工和授权，有担当，就够了，没有特殊魅力的平凡人完全可以做一个好的团队领导。团队、公司、企业这些组织，不就是聚合平凡之人，做出一些个人单打独斗无法完成的事吗？其次，个人魅力还可能伤害领导力。个人魅力会偏离“以工作为中心”的原则，使团队过分关注领导的个人风格和好恶，而不是工作任务本身。具有个人魅力的领导犯错误时，其他人能够予以纠正的空间会更小。我们喜欢和有魅力的领导一起共事，觉得这样的领导情商高、上下级相处得愉快；但是如果把个人魅力误会为领导力，甚至认为领导力就是个人魅力，这是非常严重的错误。

虽然个人魅力不是领导力所必需的，但是领导者的个人品质确实非常关键。除了上文提到的有担当的品质，领导者还需要在工作中有正直的品行，能够秉公办事。做到秉公办事也简单，还是那句话，以工作为中心，而不是以人际关系、个人偏好为优先事项。一个领导能不能秉公，也是他能否保持领导权威的重要基础。为了工作保持公心，这样的领导就让人服气；反之，总是利用手里的一点小权力摸东搞西的，大家就会不服气。

我在工作中会遇到申请没有被批准、提议没有被采纳的时候，如果面对的是一个一直保持公正的领导，我就更容易接受这个否定结果，因为我心里清楚，这不是否定我本人，而是领导从工作出发做出的决定。假设这个否定我意见的领导没有一个公正的形象，那我可能心里就会觉得这是对我的不满意和否定，这样也就难以维持良好的工作关系。所以，领导，不管大小，常年秉公办事没有私心，是其最核心的权威来源，也是让团队顺畅工作、没有人际疙瘩的根本保证。

职场新人都有担任小领导的那天，当这个角色落在你头上时，你是否做好了准备，能否胜任呢？要做好这个准备，就需要平时多观察、多留意，你身边的哪种领导方式是好的，哪种是应该改变的；什么是以工作为中心，什么是领导的担当和正直；谁在以身作则，谁又在要个人魅力。经常琢磨琢磨，把这些化作你的个人领导风格，在接到担任一个小团队领导任务时，你心里一定会有一杆准星清晰的秤。

只要对工作有利，无论分内分外

我有时候会听到一些职场新人说“这不是我该干的事吧”“为什么不找秘书来做这事呢”等等。这样的职场新人可能需要更多时间找到自己的角色。这几句话说明，他们在心里给自己划出了一个工作范围：太高级的事我干不了，太初级的事不该我做。就好比吃鱼，鱼头鱼尾扔掉，我要吃中间。

打破僵化的防御思维

这样的年轻人在工作中采取的是一种防守姿态。自己给自己划一个防区，进入我防区范围的敌人，就是“该我负责的工作”，我来迎战；不是我防区的事情，我不管。凡是取守势的人，一般是力有所不逮，勉强自顾，无法承担更多，时间长了就成了思维定式，坐守孤城，不愿出击。

这样的防守姿态是可以理解的，职场新人业务不熟，活儿多压力大，再有分外之事就更搞不定了。这个时候，职场新人的能力还很弱，弱的时候就会采取守势。克劳塞维茨在《战争论》里说过，弱的一方采取防御作战，是因为“防御这种作战形式就其本身来说比进攻这种作战形式强”。

如果这种僵化的防御思维方式成了习惯，就会演化成每个人都只看自己眼前的利益，忘了团队和集体的整体利益。大家在一起工作，玩的不是一场各扫门前雪的游戏，而是要各尽其力，发挥出组织的力量。

红军长征为什么可以突破国民党的层层拦截，跨越十几个省，最终在陕北建立了革命根据地？有一个重要原因，就是国民党的拦截是各自为政，采取了消极防御的方式。当然这也是国民党内部不统一、地方军阀林立造成的，而不是其主动设定的策略。各省军阀都抱着一种消极防御的心态：红军没到我的防区，我堵着红军不要进来；红军进入我的防区，我一边守好省城，一边尽快把红军送出省界，我就没事了。这种被动僵化的防区思维，一直存在于国民党军队中，第一次国内革命战争如此，后来抗日战争、解放战争都是如此，直到全面溃败。

职场新人在适应了新的工作节奏、站稳脚跟后，还要主动出击，就是要有工作的主动性。不要让开始几周的防御思维持续主导工作的态度，把自己变成固守一城的“小军阀”。

克劳塞维茨还说过：“防御是一种较强的但带有消极目的的作战形式，只有在力量弱小而需要运用这种形式时，才不得不运用它。一旦力量强大到足以达到积极的目的时，就应该立即放弃它。”所以，防御的目的是减少消耗、积蓄力量、站稳脚跟，然后积极出击。

只要对工作有利，无论分内分外

工作说到底是为了公司的利益，凡是对公司有利的事情，有余力的时候就要主动做，无论是分内还是分外。在我们事务所，有时候事情紧急，需要年轻律师去排排文件格式，平时这些事主要是秘书在做；有时候有些外事接待活动需要人去当当观众，撑撑场子。这些时候我可以听到有些年轻律师会小声嘀咕，“这事找秘书就行了”。我一般不会直接回应，而会在后来找个时间讲讲我实习时候的事。我在过去的一篇文章《君合初体验》中回忆过那段经历。

> 到十堰的第三日，正式开始我的工作——复印。工作地点是离住处不远的二层小楼，一排长桌子，桌子两边坐着人，多的时候有20人，少的时候也有十几个。每天8点多开始，一直要干到晚上12点，都是大家一起来一起回。带队的领导有李茂昶、王志雄、陈洁。我是不能上桌的，我坐在复印机边上。看文件的律师们发现有需要复印的，就交给我。我没开过复印机，经高人指点，慢慢学会了单面印、双面印、扩印、缩印等各种技术。新鲜了两天，又变得无聊起来。我偶尔翻翻文件，都是些土地证和合同；问问人家在看什么，

人家忙也说不了太细，其实说细了我也不懂。

我带着一个随身听，但磁带只有一盘。我找到了十堰广播的波段，可是复印机只要一工作，广播就被干扰成了无法忍受的噪声。百无聊赖，我开始复印报纸。那会儿爱看《足球》报，我在十堰好不容易买到了上个礼拜的《足球》报，看完后废物利用，把彩色图片印成黑白的，看看红、绿、蓝是怎么变成各种灰度的。报纸也印无聊了，我开始印我的手，把自己的掌纹印在废纸背面，给自己看手相。手相清晰可辨，解之以四个字：厄于襄樊。

自思此乃武侯隆中高卧之地，诸葛孔明在正式工作之前，也就是种种地、唱唱《梁甫吟》的“卡拉OK”，比我更无聊吧。后来看某电影情节，有人脱了裤子坐复印机上印屁股，我十分理解其表达的心情，但当时条件并不允许我也这么做。一日程鹏走过来特意对我说，复印时别老盯着机器看，那绿光毁眼睛。可不是，我每天半夜躺床上一闭眼，就是一道道碧血剑竖直着从眼前扫过。程鹏同志的这句关怀，成为无聊的黑白复印世界中的彩色，让人难忘。

我感觉那段时间的实习，除了复印机的绿光，毫无高光时刻，但是君合最后竟然留用了我。后来我听带队的合伙人说，不应该让实习生这样长时间地开复印机，毕竟人家是来实习法律的。由此看来，我老老实实开复印机是被合伙人看在眼里的，我并不是透明的。我觉得实习生听安排、不挑活儿，让干什么就干什么，合伙人看在眼里、记在心里，给出一个合适的评价，这就是一个单位内部的正向循环，越这样越不用挑活儿，只要对工作是有利的，我去干就可以了。

不让案号和头衔捆绑住做事的手脚

律师平时的工作时间和内容是需要记在系统上的，每件事做了多长时间，分门别类记在案号下。这种业务管理的要求没有问题，但是它有一个副作用，即它会让律师在做每件事的时候都想着有没有案号，能不能记小时。做事务所内部的事情，不向客户收费的工作，可以记“所务”案号下的小时，但是人人都知道“所务小时”不值钱。如果一位年轻律师带着这种思维模式去看待各种工作，那么难免会挑挑拣拣，算来算去。

我在君合工作的十几年里干了一些所务，因为不“值钱”嘛，小时记得也不太准确。说到底，我觉得有些内部的事情虽然对外不收费，但是对集体有好处，我又挺喜欢干，何乐而不为呢？有时候同事会非常善意地说，你为了所里的事“耽误”了不少时间呢。耽误了“业务时间”是真的，因为同样一个小时，我本来可以干业务的，但是并没有耽误“我的时间”，我觉得做集体的事情，这些时间花得都很值，也很愉快。

很长一段时间内，无论是当律师的时候还是后来成为合伙人，我做那些所务工作都近似志愿，也没有一个什么职务说我就是负责这件事的。就像我在大学里参加一些活动，做主持也都是这种模式，我不是学生会的什么人，但是需要我出力，我就过来帮个忙。这是一种“票友”的态度，我觉得“票友”的感觉很好，轻松愉快。

有时候做所务和外面的人联系，人家会问：您是君合什么人？意思是你代表君合官方吗？我就说我是君合的律师，或者君合的合伙人，律所临时派我负责这件事。人家这样一问，我也会想，我需要一个什么职务头衔来从事这些事吗？想的结果是，我觉得不用。去做一件事，可以有个职务，也可以没有这个职务，这里面有一个事和职的关系问题。我觉得在君合这样的集体里，最好的状态就是有事无职。有事，就是这件事你可以做，安排、组织都可以，大家也认可；无职，就是不需要什么职务头衔，我觉得也很好，因为职对应的就是责，没有职务，也就没有责任。

在有些地方，名不正则言不顺，没有一定的头衔就做不了事情，好在君合不是这样的。我琢磨着，事和职的关系的排序应该是这样：最好，有事无职；其次，有事有职；再次，无事无职；最末，无事有职。

当一个组织中的人眼里看的都是事而不是职，当一个组织中的人不计较个人的分内与分外，而是把对组织有益的事都当成分内的事，这样的组织就是向上的组织，这样的人就是充实而快乐的人。

古人早就说透了客户的本质

我一直不明白“客户”这个词是什么意思。客户才不是客呢，明明是主嘛；不光是主，还是爷呢，为什么叫“客户”呢?

如今说的客户，大概是中国近代出现的概念，比虎门销烟时晚几年才有的。再往前不叫客户，而是叫“主顾”。这倒是奇了，到底是客还是主呢，这难道就是传说中的“相反成训”?

以现在的常识理解，客户就是购买服务的人。这里还得强调服务，因为如果购买的是产品，大家更习惯叫顾客而不是客户。所以，进商店花钱的叫“顾客”，进律师楼和广告公司花钱的叫“客户”。“客户”更突出了服务关系的“委托”和“依赖专业意见”这两层意思。“委托”就是有件事客户办不了或者办不好，你去办;“依赖专业意见”就是这件事你比客户更懂门道，你办得熟、办得快。

你要是翻开《词源》去找“客户”这个词是哪来的，绝对吃惊不小，原来“客户”是离开本乡跑到别处种地的人，听着就那么流离失所，跟“北漂”似的，哪像现在一个个牛哄哄的有钱就是爷的样子。词义的变迁就是这么沧海桑田。律师不也是嘛，你去潭柘寺外面塔林里看看，全是律师。塔林，就是僧人的塔形墓群，那一个个石碑上都刻着“× × 大律师”，全是律师。哟，这都是哪个所的合伙人啊？别误会，和尚过去就可以叫律师，尤其是掌管戒律的大和尚，那是非常尊敬的称呼。

掰扯这些名词不是要抬杠，其实我就是想弄明白客户到底是干吗的，毕竟在我人生的头二十几年就不知道啥是客户。在我波澜不惊的生活里，小时候我爹最牛，后来老师最牛，再后来系主任、团委书记、教务处的老师最牛，等我把他们全熬过去了，又来了更牛的，叫客户，还没完没了，一拨又一拨。这么折腾我，我得弄清楚你是谁吧。

单纯一个概念不好理解，套上一个相似的事就好理解了。客户嘛，就是花钱请你动脑子出主意的，这下能理解了吧？姜子牙是给周武王出主意的，陈平是给刘邦出主意的，诸葛亮是给刘备出主意的，徐茂公是给李世民出主意的，吴用是给宋江出主意的，刘伯温是给朱元璋出主意的。哦，合着律师就是军师，客户就是主公，这边是羽扇纶巾，那边是真命天子，横批是天生一对。也不对！这军师就伺候一个主公，我现在可有好多客户呢。你不能说诸葛亮整天在写字楼坐着，今天刘备来开会，明天孙权来咨询，后天曹操让出个意见，不能这么办吧。在我们所，要先做利益冲突查证，如果你给好几家客户出主意，这利益冲突也通不过啊。

这个比方不合适，再换一个。还是从这“客”字入手。上文说了，古代是反的，在古代出钱的叫主，拿钱的叫客。有了，门客嘛。蔺相如是门客，毛遂是门客，冯谖是门客，鸡鸣狗盗之徒也是门客。门客不是军师，必须鞠躬尽瘁、死而后已地伺候一个人或者一家子，他是可以跳槽的，这个跟现在的客户就很像了吧。哪家伙食好去哪家，所以又叫食客。现在要说食客，指的是进饭馆吃饭的消费者，词义又变了。这门客跟主人的关系就比较像律师和客户了，可以是一对多的，一个门客对应不同主人。虽然因为古代技术有限，没法一边开着张家的会一边写着李家的合同，但是如果嫌饭菜不好，至少是可以改换门庭的，跟现在的人吹自己客户多是一个道理。

一对多的好处就是能跳槽，但是也有坏处，就是人家未必用你。跟现在的律师一样，你不用一棵树上吊死，可哪棵树底下也不让你待着。要想吃好点、受重视，你得时不时地蝎虎子掀门帘儿——露一小手。

孔子为什么周游列国？他是带着徒弟找客户，一边开发业务一边教学。到孟子的时候，竞争更激烈了。孟子为了给别人讲明白没有客户的焦虑，就拿老师孔子举例，他说：“孔子三月无君，则皇皇如也，出疆必载质。”（《孟子·滕文公章句下》）什么意思？就是说孔子那么伟大，三个月没个君主聘请他，就等于没找着客户，他也急得坐立不安。“出疆必载质”是啥意思？那就是三个月没客户了，出门都得随身带着礼物。

人家还接着问呢，三个月没客户就变成这副样子，也太沉不住气了。原文是这么说的，“三月无君则吊，不以急乎”。孟子说，三个月没客户值得急一下。可不是嘛，现在哪个律所挺得住三个月没客户？

琢磨到这里，我算心里有点底了。原来客户问题，从孔夫子那时候开始就是挺费神的一件事。前有旧小说里一堆军师，后有经史子集里列位圣人，全像我们一样着过一样的急，没客户的急死，有客户的烦死，那我们就把心放肚里了，沿着先人的路线高举伟大旗帜继续奋勇前进呗。要不人家说中国人的宗教是儒教加上“小说教”，什么事先看看“四书”是怎么说的，再翻翻“三国水浒”是怎么写的，立马太阳一出照四方，工作学习有方向。没这个，你怎么跟我说客户是上帝、新教伦理、资本主义、专业精神，它们也都是横在那，咽不下去，消化不了。

这就好比马克斯·韦伯一说挣钱是上帝派给你的活儿，是天职，属于美德，洋人和信洋教的听了就都顺溜了，心安理得、踏踏实实榨取剩余价值去了。咱也一样，谁也不能揣着明白装糊涂，你只要拿咱听得懂的话跟咱聊，一样是个妥。

人生不能坍缩到只剩PPT和聊天记录

常识之所以为常识，就在于它不需要说人们也知道。但常识的吊诡之处就在于，必须反复地说，才能起点作用。虽名常识，常常不识，常识已经近乎“道可道、非常道”的玄学了。

从托马斯·潘恩的《常识》开始，以常识为名出版的图书已经数不胜数，但似乎这个话题远没有终结之势。人类对本物种基本常识的认识，竟然是无止境的。马丁·林斯特龙先生的《常识工作法》，是人类探索自己常识的又一本力作。林斯特龙把常识应用于企业管理，用常识的尺度去丈量管理中的各种问题，一下子看出了一些组织和管理的扭曲是多么的光怪陆离。

人类为什么有共通的常识？因为人类有共通的情感和心灵，这是常识的来源。无论是孟子说的“恻隐之心”，还是宗教所说的“慈悲之心”，抑或是文人墨客吟咏的“古人无数是同心”，都是用自己的心去体会他人的感受、体察他人的希望、体谅他人的局限，这还不仅仅是同情，更是把自己变成他人，去理解他人的处境。正如林斯特龙所指出的，很多时候，常识的缺位是因为缺乏同理心。如果让孔子来写这本书，他可能会说“仁”的缺乏，导致了常识的缺位。

书中一些可笑又可气的例子，总能让我们联想到身边的一些人和事。2020 年我在上海住了一段时间，因为工作时间很长，所以睡眠不足。有一天下午，难得有休息时间，我就在酒店里打开了房间“请勿打扰”的小红灯，准备好好地睡上一觉。睡得正香时，房间电话响了，我迷迷糊糊地接起来，原来是酒店前台问我:“您在房间吗？洗的衣服好了，给您送过去?”我说:“我在休息,为什么要打电话?”前台说:“因为送衣服的人看到您开了‘勿扰’,没敢敲门,让我们打电话。”我被这清奇的思路气笑了。“请勿打扰”是不要敲门的意思，但是可以打电话？常识去哪里了？

更绝的是，我继续睡觉，一个多小时后，电话又响了，是前台的另一个人，他说:“洗衣房要下班了，他们问一下，下班前能给您送衣服吗?”我只好说:“你给我转经理吧，我需要和经理探讨一下勿扰灯的规则含义。”

僵化烦琐的规则和流程，把人塑造成工作条线上的一环，作为人的常识被隐去了，人化身为生产线上的零部件，堪比变形金刚。有一家世界知名的大公司的工作人员问我，能不能不在账单的律师工作描述一栏中写律师互相讨论、开会的内容。我问原因，答曰: 本公司有规定，不能支付律师内部讨论的费用。我笑了，很“开心”，因为又是一个只见规则、不顾常识的睁眼瞎的奇葩规定出现在我面前，让我不禁“思念”起了上海酒店洗衣房的朋友。

我说:“律师工作是要讨论的，对吧？甚至有些案子的主要工作就是大家互相讨论办案的方向，我们怎么说，对方怎么说，我们怎么答，没有这部分的内部讨论，我们是没法完成工作的，对吧？律师讨论是要通过语言交流，而说话需要花时间，对吧？除非我们都是三体人，思想透明，谁想了什么都可以在团队里瞬间同步。”

他说:“您说得都对，但是公司规定就是不能有内部讨论。”

我说:“那也好办，就不叫内部讨论呗。假如你说你们公司规定，不给叫作‘拍黄瓜’的菜付钱，没关系，我上菜的时候告诉你这叫‘花生米’，又脆又绿的花生米。”

我们自己的日常工作，也是常常被技术遮蔽了常识。曾几何时，汇报变成了PPT制作，没有PPT就不会说话了。有时候问问各部门在忙什么，答曰：制作周报PPT、月报PPT、季度工作总结的PPT。同事间沟通也经常是即时通信软件，电话都打得少了。在新冠肺炎疫情居家办公之前，我们就已经开始用技术手段实现自我隔离的操作。我时常会和组里的实习生说:“如果有律师通过skype和微信给你派活儿或者打电话，你就问一句，‘你有空吗，我去找你说吧’。这样可以在有限的两个月实习期里多认识几个同事，不要实习了一场，就只有微信聊天记录上的几行文字和几条语音，在大街上走对面都不知道这是天天给你派活儿的那个中级律师。”

汇报听的是内容，不是PPT，这不是常识吗？工作做没做好重要，周报、月报不重要，为周报、月报制作的PPT更不重要，这不是常识吗？同一个单位里人与人的沟通、联系乃至情感，是靠面对面的谈话、互动和合作建立起来的，这不是常识吗？

我们的人生不能坍缩成只剩若干PPT和各种聊天记录，否则不堪设想。会不会哪一天，人类的追悼会成了这样：大家上线，在共享屏幕上播放一下逝者生平的PPT，大家依次在群里发三朵花表示怀念，发三个大拇指表示赞美，有人发一句"愿天堂里没有PPT"，然后其他人队形整齐地跟上，"愿天堂里没有PPT+1""愿天堂里没有PPT+2"……"愿天堂里没有PPT +*n*"。

对于各种有悖常识的管理和商业行为，林斯特龙提议，在企业里建立"常识部"，本书的英文原名就叫*The Ministry of Common Sense*，用常识部去纠正一些违反常识的奇葩规则。这个提议让我想起了有些外国政府内阁设有"不管部"，由"不管部长"领衔。不管部长就是专门去管那些因为部门分割而成为"三不管"的事情的。人为的部门分割形成了特殊的部门利益，部门之间或争功，或推诿，各自守着一亩三分地，一只眼防着别人的权限伸进来，另一只眼盯着自己的好处别出去。在这种情况下，也许只有"常识部"和"不管部"这种跨部门、高权限的设置，才能打破这些违反常识且有损整体利益的割据局面。

我是学法律的，不懂企业管理，而法律人也应该讲常识。关于行为人的主观方面，比如什么叫"故意和过失"，什么叫"放任这种结果发生"，什么叫"应当预见而没有预见"，什么叫"轻信可以避免"，这一切的判断标准都叫"常人的标准"，即普通人的常识。从事法律工作，更是万万不能忘却了常人的标准，要天天讲、月月讲、年年讲。

虽然我是管理学的外行，但是读一读强调常识的书，既有利于增长个人见识，也有利于培养法律人的思维，所以我津津有味地读完了这本书的样稿。更何况，它是一本妙趣横生的书，书里的故事带给我的欢乐丝毫不亚于上海酒店的洗衣房。

书，尤其是一本讲常识的书，应当是有趣的——这不也是常识吗？林斯特龙做到了。

用精神给养走出职场低谷

我接受过一些来自媒体的或者来自法学院学生的采访，其中常常被问到一个问题：“你职业生涯里有哪些高光时刻?”我的回答都是“没有”。

如果需要我既激动又兴奋地说上一通，我也能说：

> 项目签约了、交割了、上市了，特别高光。
>
> 合同仲裁打赢了，特别高光。
>
> 收到了客户或者领导的热情赞扬，特别高光。
>
> 合作多年的年轻律师成为合伙人了，特别高光。
>
> 君合又拿了什么市场大奖、最佳雇主大奖，特别高光。

其实这些都是高兴的事，但是在我心里并不算什么高光时刻，亮度没有那么大，而且高兴一下也就过去了。

很少有采访问我在工作中有哪些低谷时期，其实对于低谷，我倒是比高光有更多可说的事：

> 我当律师的前两三年非常不适应快节奏、高压力的工作环境，一度认为自己进入了最不适合自己的行业。
>
> 律师“二年级”的时候，我在国内国外跨越寒暑地区的连续出差后，长时间低烧、拉肚子，被怀疑得了免疫系统疾病，可怎么都查不出来具体是什么病。
>
> 做律师的前几年，我时不时会粗心犯些文书上的错误，被领导或客户发现后十分难堪。虽然没有制造过把A公司招股书抄给B公司且没有改名字这么低级的错误，但是发现类似错误后的郁闷也是无法言表的。这又是一类让我怀疑是不是入错行的问题。
>
> 做律师的“年级”渐长，负责的事情越来越多，责任也越来越大。有时候刚睡下，突然想起可能忽略的一个问题，猛然惊醒，再难入睡。
>
> 成为事务所的合伙人后，经济波动，疫情影响，行业热点切换，都会产生压力和焦虑，再度疑惑我要怎么办，我要继续吗？

所以，当综艺节目导演采访我的时候问：“您能用一句话概括做律师的感悟吗？”

我说：“闲时慌死，忙时烦死。”这八个字应该可以概括我过去20年的一切心理波动。

没有过不去的高光，但会有走不出的低谷

相比高光，低谷更让人成长。回首过往自己和他人的各种“高低”时刻，我发现，没有过不去的高光，但会有走不出的低谷。高光再亮，也持续不了多久，终究会过去，留下的只是几个水晶奖杯和吹牛的谈资。

低谷却可以持续很久。低谷是沉重的脚步，是无奈的叹息，是无望的颓唐，是自我否定的怀疑。在职业低谷里实在走不出去的人，最简单的办法就是换个工作，甚至换个行业。也有更严重的，职业低谷给人带来了身体和心理上的疾病，需要很多努力才能痊愈。

职场新人大都想追求高光时刻，尽快地闪亮几下，让人记住。如果把我们的职业生涯拉长到10年、20年的维度看，高光时刻肯定会有，同时低谷也会随时降临。毕竟高光时刻无法持久，低谷却可能改变人的职业航线。与其刻意制造高光，不如做好准备迎接挫折和低谷。

在低谷时不能做的事

人在低谷时，最要不得的情绪就是自我怀疑、自我否定。你想沉浸在痛苦中不能自拔吗？有一个绝招，就是不停地自我否定。而且自我否定的痛苦是可以上瘾的，心理学认为，痛苦可以增加人的存在感。一般身处低谷中的自我否定还会上升扩展到怨天尤

人，先是痛苦于我不对，然后埋怨时运不济、别人不对，但是时运和别人又会反过头来让人自责，“我怎么就没有利用好时运”“我怎么就没有把握好和别人的关系”，于是一番怨天尤人之后，谴责就又回到了自己身上。

身处低谷之中，不怨天，不尤人，更不要埋怨自己。有人问，那孟子还说“反求诸己”呢，你不从自己身上找原因吗？通常来说，我十分支持反求诸己，而且也尽量身体力行。但是有原则就有例外，反求诸己不适合一个刚刚受了重大打击、处于前所未有的低谷中的人。

唐诗宋词是中国人的心灵课

诸葛亮在舌战群儒的时候说过，人得了重病，要先用“糜粥以饮之，和药以服之；待其腑脏调和，形体渐安，然后用肉食以补之，猛药以治之”。对一个受到打击的人来说，他的糜粥就是自我和别人的宽慰，他的猛药就是自我的检讨和怀疑。如果上来就自我检讨、自我怀疑，相当于给一个病入膏肓的人直接开猛药。孔明先生说：“若不待气脉和缓，便投以猛药厚味，欲求安保，诚为难矣。”

今天的人遇到的大部分挫折、低谷，在前人眼里可能轻如鸿毛。中国古代的第一职业是当官，尤其是科举兴盛之后，几乎所有读书人都是奔着这一条路来的。在他们的职业生涯中，挫折、低谷甚至危险是今人无法比拟的。在唐朝，你可能下了来俊臣的冤

北海

狱；在宋朝，你可能在党争中被流放岭南；在明朝，你可能在金殿上被按倒打屁股；在清朝，你可能因为搞改革变法而丢了脑袋。

中国古代残酷的政治和无上权威对人的职业道路和人生命运的任意摆弄，反而给如何面对挫折和低谷这个课题，积累了无穷无尽的心理学材料。官员的职业生涯充满了风险和不确定性，有的人一生中被贬的时间大大超过了在朝中做官的时间。千百年来，这些有很高文化素养的官员创作了无数诗篇、散文和绘画，以至中国诗和画都有很重要的一个主题——迁谪诗文和迁谪山水。

这些文化遗产，有的颓废，有的旷达，有的哀怨，有的昂扬，从各个角度帮助今天的人认识职场，体会人生，搞好心灵建设。

小时候，语文课天天要背诵、默写古诗，很烦。那时候我很怀疑这些背诵默写有什么用，唐诗宋词再好也是古董，熟读一万首也不能靠写古诗实现四个现代化吧。现在我有点明白了，这其实就是中国人的心灵课，是给未来做准备的。唐诗宋词不仅仅是让人欣赏文学、学习历史、磨炼文字的教科书，更是承载人生态度和教人身心安稳的真经。这些诗文存放在心中不显眼处，到了某个与古人相通的心理关头，就会被吟唱出来。

到处打游击地出差时，要唱一句：支离东北风尘际，漂泊西南天地间。

在机场航班因大雪延误时，要唱一句：云横秦岭家何在？雪拥蓝关马不前。

在玩得快活却不得不去工作的时候，要唱一句：嗟余听鼓应官去，走马兰台类转蓬。

在受到无端批评时，要唱一句：莫听穿林打叶声。还不爽，就再唱一句：两岸猿声啼不住，轻舟已过万重山。

有些事情反复纠结，终于想明白了，要唱一句：悟已往之不谏，知来者之可追，实迷途其未远，觉今是而昨非。

工作找不到方向，唱一句：天生我材必有用。当然钱花冒了还可以用上下一句：千金散尽还复来。

精神给养这种东西，真是闲了置、忙了用。事情来了，宽心的药一抓就有，日子就好过点。需要现开方子现抓药，就要多费点工夫。越是低谷越需要文学和诗歌，可能吟咏本身就是排解忧愁的一种生理活动。真正特别高兴的时候，反倒顾不上念两句“人生得意须尽欢”“漫卷诗书喜欲狂”，都是直接蹦跳着跑去聚会了。

我看过一些当代名人的传记和采访，讲到他们遭遇困苦和低谷的时候，比如当知青的时候、关牛棚甚至坐牢的时候，常常也是靠屈原、陶潜、杜甫、苏轼、贝多芬、罗曼·罗兰、陀思妥耶夫斯基，熬着（有时候是混着）挺过来的。这时候我就会更加深刻地明白，真是“古人无数是同心”啊！

其实，每当有人问起我职业里的高光时刻时，我嘴上说“没有”，心里想的却是自 2010 年起我在君合的新年晚会上和林海宁律师一起表演的三段自创相声《谁都不容易》《今年没节目》《我是合伙人》。这三段相声用扭曲、夸张的手法，调侃一些事务所和律师工作中的日常事情，现场演出效果不错，后来也时时被人提起。在相声的写作和表演中，我感受到了这份工作带给我的“心流”，但是这和业务没什么关系，我又怎么能几句话向别人说清楚，为什么站在台上的自嘲和胡说是我职业的高光时刻呢？

防治职业病的良方在自己手中

朱德庸有一个漫画主题，叫“人人都有病”，仔细想想，好像真是这么回事。在今天这样的商业社会里，许多违反人类常识的举动，看起来却十分合理。作为消费者的我们，天天都被各大媒体喊着买买买，然后去买了各种不需要却又十分昂贵的东西。作为商业链条上的生产者和服务提供者的我们，就更是被培养出来（或者是被逼出来）因职业而产生的各种病症。

完美主义病

作为精密商业链条中的一环，可能最容易得的病就是完美主义了吧。我们在工作中提倡精益求精的匠人精神，是希望能把工作在自己的能力之内做到最好；但是精益求精变成完美主义，则是过犹不及。人总是把别人怎么对待自己复制到自己怎么对待别人之上。每天接收到那么多要求你完美的要求和指令，以及没达到完美之后的批评，人也会用同样的眼光去看别人。本来世界上没有完美的东西，无论你是生产一辆汽车还是起草一份律师意见，每项产品、每项服务都有各自的优点，也都有各自的不足。如果以本不存在的完美去要求生活，这样的人必然不幸福。因为生活中也不存在完美的父母、完美的爱人、完美的孩子，更不存在完美的学校、完美的制度和完美的社会，更要命的是，不存在完美的自己。

人把完美主义应用到其他人身上，最多就是变得令人讨厌，事儿多，意见多，抱怨多，别人懒得理你，也就算了，但是人一旦开始用完美主义跟自己较劲，造成的内伤可以说是很深重的。为了自己的身心健康，必须要对工作中的完美主义说“不”。没有人有资格要求别人完美，因为这样的人自己就不完美；没有人有必要让自己完美，因为按照基督教的说法，只有上帝是完美的，你又不想当上帝，干吗用上帝的标准要求自己呢?

企业管理病

每天我们都在组织中生活，无论你的组织是什么形态，比如企业、机关或学校。每个组织都有管理的规矩，这无可厚非，但是这些管理规矩及其背后的管理思维，每天都在冲刷着我们的大脑。离开单位之后，这些东西还存留着，我们把它们带回家里，带向世界各地。特别是那些在企业里做管理的领导，真心相信自己奉行的那一套行之有效，走到哪里都要用管理的思维去生活。

如果遇到这样的家长或者配偶，够你喝一壶的。

中国的许多家长有个特长，就是特别善于发现孩子的问题，怎么看怎么有问题，然后就找出各种方式来解决。这些家长估计都是无师自通的企业管理咨询者，发现问题，然后解决，这不就是管理咨询吗？可见麦肯锡方法真是深入人心。

我们是不是可以尝试一下，每天离开单位下班打卡的那一刻，就开始自我提醒：我下班了，我既不要被管理，也不要管理人，我只需放松，安心地享受我的生活。生活里，不需要特别强调时间观念，早点晚点没事的；不需要特别注意成本收益，今天能少花点，明天就可以多花点，不是什么大事；家人朋友说话不要那么讲逻辑，也不用那么强调态度和语气，海阔天空说哪算哪，又不是汇报，也不用 PPT。

有人说家不是讲道理的地方，是讲感情的地方。道理和感情不要对立起来，家里既要讲道理，也要讲感情；道理讲不通，那么感情可以把大家统一起来。道理和感情在企业里也不是对立的，管理既要讲道理，也要讲感情；管理讲不通的时候，要用道理把大家统一起来。

错过恐惧症和阶层固化恐惧症

恐惧无处不在，这是人心最容易被击碎的地方。在恐高、恐水、恐密等各种恐惧症之外，许多人都有赶不上这趟车就来不及的错过恐惧症。据说营销学有个门派就是恐惧营销，卖给你东西的时候，总是话里话外地威胁你：“你不买就完啦！”

恐惧营销，第一步要制造一个当下的恐惧：你不花钱，错过了这趟车，就没有下一趟；同时还要配合一个远期的恐惧，如果你错过这趟车，在未来你就会成为世界的弃儿，别人都有的东西就你没有。长此以往，我们就会形成心理定式：不能错过这趟车，要不然对不起自己，对不起未来，对不起孩子。

更深套路的恐惧营销是诅咒人的后世子孙，咒语叫“阶层固化”，意思就是你不买我这东西，你祖祖辈辈都会被钉在现在的阶层上，永无出头之日。其实我挺不理解的，卖东西就卖东西呗，吓唬人干吗？

根据二八定律，可以假设 80% 的人是普通阶层，20% 的人是所谓的上等阶层。普通阶层想到上等阶层，所以你销售阶层固化恐惧，有 80% 的人大概是买账的；即便在那 20% 的上等阶层里，也有 80% 的普通上等阶层，他们还想到最上层，所以在这个人群里，你销售阶层固化恐惧他也是买账的。

随着社会大变革的结束，阶层相对稳定，流动性变得平缓，本来就是稳定成熟社会的应有之义。稳定社会的阶层变化，不可能像革命年代和巨变年代那样剧烈。但是一个社会真的想把各阶层都固化下来，又是何其困难。社会流动性是自然社会的天然力量之一，没有巨大的反作用力，是无法顶住社会流动性这股巨流的。回看历史，真的要实现阶层固化的统治集团，是要建立一系列刚性制度来保证阶层之间不流动的，比如基于种姓、门阀、家族的继承制度、出仕制度和婚姻制度。没有这些制度安排，阶层不流动是无法实现的。

我们当然要警惕社会分层过于僵硬从而趋向阶层固化，我们也要建立各种促进阶层流动尤其是壮大中等收入人群的措施。但是如果有人一口咬定今天的中国社会就是“阶层固化的社会”，或者马上就要进入“阶层固化的社会”，那我也只能“呵呵”一声，问问你到底想卖我点儿什么，不如直说。

在商业和资本主导的工作环境中，人的病是五花八门的，绝不限于以上几种。防病治病的良方恐怕还是要把握住自己，不被各种恐惧和焦虑忽悠，相信自己只要做自己擅长、喜欢的事，同时又是他人需要的事，就是有价值的；相信生活的最基本价值——健康、友爱、正直、富有同情心，凡是违反这些基本价值原则的，都先要打一个问号，看看是不是化了妆的职业病和 PUA 又来了。

理性规划你的职场生涯

人进入职场的年纪在 20~25 岁，如果按照 55~60 岁退休，那么人在工作中将要度过 30~40 年的岁月。这三四十年占人一生时光的一半左右，而且是最有创造力的三四十年，这三四十年几乎就是人生本身。

新入职场的年轻人如果要有职业规划，既要从起步的两三年去看，也需要从三四十年的角度去看。我们国家做国民经济的规划，是五年一次，三四十年等于 6~8 个五年规划，这是跨度很长的时间。

职业生涯的“五年计划”

我们并不需要提前做出这 6~8 个五年规划，国家也是每个五年规划接近收官才开始制订下一个五年规划的。职场新人在看自己第一个五年的时候，不妨分成两段来看：前面的两三年，进入角色，逐渐适应；后面的两三年，如果前面适应得好，可以做一些深入或者提升的尝试，如果进入角色还是有问题，可以做一些自我评估，调整方向。如果在自己的“一五规划”之内能够比较清楚地找到职业道路和方向，那么第二个五年就可以更专心地前进。

也有可能在“一五规划”内，你发现了非常不适合的情况，那也不是什么大不了的事情。根据我的观察，许多人的工作切换发生在进入职场的3~5年。所以“一五规划”的重要议题就是找到方向，即便没有找到方向，能够排除一些方向，也是很有收获的。

“不确定”是人生的本来面目，规划赶不上变化也是常有之事，尤其是职业刚起步的时候。苏轼、苏辙兄弟第一次参加科举就一同中了进士，那年苏轼20岁，苏辙18岁。正要大展宏图之时，不幸母亲去世，兄弟俩回乡守制。两年后回到朝廷，做了几年地方官。到苏轼29岁、苏辙27岁那年，他们的父亲苏洵去世，兄弟俩又回家守制。这两位高才职业生涯的前十年，也是历经意外、坎坷不断，也未见有什么高光时刻。

做好每个五年的大致规划，人对自己所处的职业道路上的位置就会比较清晰。但是做规划不能只盯着眼前的五年，还要有更长远的愿景。如同国家在制订“十四五”规划的同时，也有2035年远景目标，这是一个15年左右的规划，还有到21世纪中叶实现民族复兴这样更远的愿景。

越远的目标，越要虚一点；越近的目标，越要实一点，这是我们给自己做计划的一个基本方法。翻开国家制订的五年规划、15 年愿景和 30 年愿景，你也会发现，内容是从细致到宏观的递进关系。

近期的事情容易想，也容易操作，可以定得细一点，比如工作要学会哪些具体技能，提高哪门外语，每年攒多少钱，买哪些大件东西。远期的事情可以模糊一点，比如工作要成为技术骨干，或者走上管理岗位，大概几年时间留学，大概在什么年龄段买房子。这些事情如果提前定得过死、过于具体，反而不知道怎么实现。

时间管理中有个四象限法则，把时间的因素分解成两对指标：重要、不重要，紧急、不紧急。时间管理学建议人们关注重要且不紧急的事情，而不是人们经常忙于做的重要且紧急的事情。职业规划也是如此，眼前的规划当然重要，而且有时候挺急的，但是这个眼前规划还一定要结合更远的愿景来看。正如毛姆在他的名著里启示我们的，不要只盯着脚下寻找那六便士，而错失了天上的月亮。

理性规划，感性解压

对很多职场新人来说，五年规划就已经很长了，何谈更长的愿景呢。的确，职业的前五年充满变化，可能比后面的任何一个五年都更加变动不拘。即便看起来一个人在前五年踏踏实实地在一个地方一直工作，他的心也是变化的。我在工作初期遇到压力和困难时有一个方法，就是暂停手里的工作，开始看招聘网站，输入各种筛选条件后，搜索出一串工作机会，自己觉得心里很受安慰，这份工作做不下去，还有很多其他机会呢，此时我反而可以比较平静地回到手头的工作中。

开始我还觉得这种解压方式有点奇怪，后来认识了一个司力达[①]的律师，她说她每次加班到半夜，崩溃得不行，就停止工作，拿出简历改一改，把最近做的几个新项目加上，格式再调漂亮些，发给猎头，然后心里舒服了，继续加班。后来猎头都知道她这个习惯了，每次一上班收到她半夜更新的简历，都要开玩笑地回一句：昨天又加大班了？

我 2004 年正式进入君合工作。入职培训的时候事务所给我们讲，在君合工作七年以上就可以申请成为合伙人。24 岁的我根本无法理解七年这个时间跨度，因为我最长的一个稳定的经历就是上小学，也才六年；初中三年；换个地方上了高中又三年；大学四年，其中一年还在蛮荒的昌平园；英国留学一年；从来没有过七年在一个地方待着不动的经历。当时我脑子里算了一下，七年以上可以成为合伙人，那就是我 2012 年有资格申请合伙人，然后我就笑了，笑的是这事太远了，太没谱了。当时的我，觉得 2008 年的北京奥运会都是很遥远的事情。我当时还没有开始工作，不知道面对的工作到底会是什么样的，但是我只是从一个年轻人的感觉出发，觉得这个工作我做个五六年还不够吗？我大概

① 司力达（Slaughter and May）是英国最好的律师事务所之一。

不会在这个工作上待到 21 世纪的第二个十年吧。当 2012 年春天我申请合伙人并通过后，我轻轻回了一下头，看了一眼 2004 年那个心里小算盘打得山响却全打错了的我。

今年我 40 岁出头，看待时间的尺度和方法已经有了不小变化。在相对论中，物体运动的速度会改变时间，运动快的物体时间过得慢，运动慢的物体时间过得快。年轻人的生活充满了变化和希望，就好像运动快的物体，总觉得时间是有的，未来还很长，五年以上的事情是不容易想象的。年纪大了，生活工作都有了一定的范围，类似的变化和运动减慢下来，反而越来越觉得逝者如斯，时不我待。这本来就是在人生不同阶段不同的体验和感受。

第五章

身体和灵魂都得健康有趣

无用之事让人觉得人间值得

古语说，读万卷书，行万里路。这是一句励志名言，看起来应该是什么学问大家说的，仔细查查，却是一位艺术大家说的。谁呢？明朝人董其昌。董其昌是从艺术角度提倡“读万卷书，行万里路”的。他在艺术论集《画旨》中提出，画家“六法”中位列第一者就是气韵生动，而气韵这东西又是学不来的，那怎么办呢？就是要“读万卷书，行万里路，胸中脱去尘浊，自然丘壑内营”。所以万卷书和万里路是给人长气韵的。

万卷书是多少？我们翻翻古籍，不同的书每卷字数差很多，有的大几千字，有的一万多字，可以取个中数，就假设每卷一万字，一万卷就是一亿字。《资治通鉴》将近 300 卷，《全唐诗》有 900 卷，《古今图书集成》正文就有 10000 卷，《永乐大典》两万多卷，《四库全书》将近 8 万卷。一个人一天读一卷，即一万字，应该不少了，而且要全职读书才可以，那也要读上一万天，约合 27 年。可见这万卷书是一辈子的读书目标啊！

万里路是多少？大概5000公里。在古代没有飞机、火车的情况下，5000公里走起来很辛苦，但是并不需要一辈子。无论是玄奘还是徐霞客，都很轻易地早早就超过了这个指标。但是古人行万里路，毕竟是要把家中的生计、家务都放下，在没有导航、没有现代交通工具、没有现代医学的条件下出行，其本身的难度与挑战比在家里看一辈子书还要高不少。

今天的人，读书少了，但是出门容易了，随便飞个欧洲、北美就已经是万里路了。可以说，我们在读书上是急剧地退化了，在行路上是急剧地进化了。

虽然全球化进程快速发展，本来万里之遥的地方也变得趋同；虽然网络上的视频、纪录片汗牛充栋，但是世界之大，仍然是多姿多彩、超出想象的。出门看世界的意义，仍然远远高于在家读书、看视频。

因为喜欢历史，我到一个地方总想去看看那些历史书中出现过的地名。尤其是那些曾经名声显赫，现在已经变迁很多的地方，尽管是物也非、人也非，站到那里还是有扑面而来的现场感。我到南京要去看看石头城，现在看起来那就是秦淮河边一个平淡无奇的小公园。地理的变迁和城市的变化，让石头城已经不再具有特殊的战略位置，但是站在这段城墙下，眺望长江和南京城，仍然可以充沛地感受到“千寻铁锁沉江底，一片降幡出石头”的历史兴亡感，不由得“人世几回伤往事”，看“潮打空城寂寞回”。

到洛阳，我不留恋位于城市中心重修的隋唐城，反而要去一片荒芜，只有几个土堆的汉魏洛阳故城去看看。北魏的永宁寺塔，只剩下一个基座，但是它正是我熟悉的北魏末年历史的见证。在这土堆之间，我仿佛看到那些历史书中的许多名字都鲜活了起来，在这片土地上穿梭往来；我仿佛看到了西域来朝的热闹；我还仿佛看到了兵临城下的危机和战火熊熊的破坏。

喜欢历史的人，一定喜欢罗马。第一次到罗马时，我坐上公交车到处看，许许多多2000年前的房子就在路边、就在眼前。我们来自另一个文明古国——中国，按说不会把2000年前当成特别不可追索的时期，可是毕竟我们2000年前的建筑实物已经没了。看到罗马星罗棋布的石头建筑，我不由得感叹，在历史中还是石头比木头更友好啊。

说到罗马，又让人想起了华盛顿。只看图片还感觉不到华盛顿特区建筑的雄伟，当身临其境时，才会发现那些白色房子的厚重。特别是国会大厦，建造于美国刚刚建国时，当时美国国力并不强大，但是这座建筑的构思设计、宏伟气势、细节打磨，都让人感到美国甫一建立，就有自我标榜罗马的野心。这样的建筑不像一个初创国家的作品，而是一个有“万世雄心”的、自封的罗马帝国接班人才能建造出来的。反观今日美国的霸权，可以说当年建造国会大厦所暗含的野心已经实现了，华盛顿特区的建筑揭示了早年还不强大的美国的秘密。

疫情之后，有时候坐在家里，回味着20岁以来游历的国内国外各处名胜，不胜有趣，也不胜感慨。

回忆起，爱尔兰峻峭的西海岸，雾茫茫的大西洋，惊涛拍壁，风雨中一个小酒馆遗世而独立，门口树着一个牌子：“下一家酒馆——波士顿”。

回忆起，热带丛林身处的吴哥遗址，让我一个从小见过故宫、长城的人也叹为观止，环顾四周柬埔寨欠发达的基础建设，让人百思不得其解，是哪里来的一群人，在这秘境中建造了奇迹?

回忆起，加拿大班夫国家公园的雪，时至5月还是鹅毛飘飘，开车到了那些著名的湖泊，却完全被白色笼罩，无法辨认。雪山上百年的松树密密匝匝，参差屹立，仿佛间看到杨子荣身披斗篷于雪山速降，唱起了“穿林海，跨雪原，气冲霄汉……”

回忆起，阿根廷、巴西、巴拉圭三国交界的伊瓜苏瀑布，那最险绝处被称作“魔鬼的咽喉”，一条大河波浪宽，流到这里忽遇天塌地陷，万马奔腾的水垂直捣下，仿佛地球漏了一个洞，所有的淡水都要于此处泻去。

还有，初春时蒙马特高地上的画家，夏至时泰晤士河边的傍晚，秋月下查尔斯河边的小舟，冬雪里金阁寺在水中的倒影；还有，穿越巴伐利亚黑森林的火车，马赛到伦敦要开30个小时的大巴，维多利亚湾穿梭往复的渡轮；还有，布拉格的石桥，杜塞尔多夫的老城，阿姆斯特丹的运河，釜山海岸的礁石，摩纳哥的游艇，北投的温泉，奥克兰的生蚝，阿布扎比的白色清真寺里闪动的长袍……

每到此时便吟出白居易的“山寺月中寻桂子，郡亭枕上看潮头，何日更重游？”是啊，即便无法出境旅行，杭州、成都、大理、扬州，以及林芝的湖泊、北京的西山、上海的江边，也都是极好的。

行万里路和读万卷书一样，你非要问，有什么用吗？仿佛是没什么用，而没用就是这两件事情的妙处。这世上有用的事太多了，干也干不完，可偏偏总是没用的事让人觉得人间值得，真是太美好了。

用爱好超脱眼前的琐碎

90多年前，胡适给即将毕业的大学生写了一封信，为了避免年轻人迷失和堕落，他赠给年轻人三个“药方”。胡适所说的堕落，就是抛弃了求职的欲望，抛弃了对理想人生的追求，这样的堕落，在今天看来，是不是都不算特别堕落？

胡适的三个“药方”是：

> 第一，总得时时寻一个两个值得研究的问题。
>
> 第二，总得多发展一点业余兴趣。
>
> 第三，总得有一点信心。

胡适的第三个方子谈到信心，在当时的历史条件下是殊为不易的，要知道那个时候的中国，要对未来有信心，对国家有信心，没有特别的眼光，是非常难做到的。今天则大不相同，社会的发展和国家的壮大，让人容易对未来产生信心。

胡适的前两个“药方”合在一起就是要保持工作之外的求知欲和爱好。我想这两个药方对今天的年轻人应该有重要的启发意义。工作固然占据了我们太多的时间，消耗了我们太多的精力，可是不去做点自己真正喜欢的事，那属于我们的生活又是什么呢？我刚刚上班的时候，参与了一个很大的项目，大家基本是从早上做到晚上12点。那时候我的小组长说，我12点到家，还打开电视看了会儿新闻，要不然一天中自己的生活一点儿都没有了。我想，看这一会儿电视，就是我的小组长对长时间工作占据了自己时间的倔强反抗吧。

毕竟我们的工作也不会天天把人搞到晚上12点，有空闲的时候，还是可以发展一些比看电视更丰富的爱好。我身边的许多同事都是业界有名的大律师，也都保持着自己的爱好和兴趣，都是非常有趣的人。有的人拉丁舞跳得灵动，有的人历史文化研究得透彻，有的人对牛排和红酒有深入研究，有的人会写诗，有的人会画画，有的人打太极，有的人是摩托车爱好者。所谓“无癖之人不可交”，人要是一点爱好都没有，只会工作，也挺吓人的。

我从小就是一个对许多事情都有兴趣的人，这个问题曾经相当困扰我，感觉自己琢磨的事太杂了，很难深入一门，最后哪件事都没做好。现在我就没有这个困扰了，因为我完全接受了自己就是这样一个人。最近有年轻人问我：“我觉得我爱好太多了，我到底应该博一点还是应该专一点？”我一般都会说，你想太多了，作为业余爱好，博和专都行，何况我们时间有限，既做不到博，也做不到专，自己觉得有趣、有收获就够了，不用纠结。

阅读是从未放下的爱好

阅读是我从未放下过的爱好。我读的书杂乱无章，想起什么就读什么，自己的兴趣点不断切换，读的书也就不断切换。书籍真是人类最伟大的发明之一，一本书就能让人在很短的时间内，和自己所处时空之外的人交流，这种感觉真是无与伦比。

读书有精读，有泛读，一般的小说、畅销书都可以泛泛地读，甚至一两天就翻完一本。电子书很适合泛读，一个阅读器，可以下载许多书，还不占地方。需要精读的书，就要端正坐好，拿一支笔，前后翻看，做做注释和笔记。我还不习惯用电子书精读，因为翻找起来不方便，也许在电子书环境下长大的新一代人，会更喜欢这种阅读方式。

有的爱好本身就是以读书的形式呈现的，比如我喜欢历史，对于历史的探索主要就是读书。有的爱好，读书起辅助作用，比如我喜欢京剧，那么与京剧有关的图书、掌故、传记，就是我欣赏京剧的辅助。有书陪伴的日子就是美好的，过年写春联的时候，我也爱写这一副：有书真富贵，无事小神仙。

爱读书的人一般都爱逛书店。我如果在什么地方等人，都要看看附近有没有书店，去书店里逛着等。好的书店是个神奇所在，身处其中，总能给人许多灵感。书店的空间、布局、选书、分类一定是大有讲究的。大卖场一样的书店，感觉就是在卖菜；而精品书店，是让人意兴飞扬的地方。有时候我感到灵感匮乏，头脑无味，就要去我喜欢的书店里待上一阵。在那个氛围里，总能有些新的发现和新的思考。

从小就喜欢的京剧

有的年轻朋友知道我喜欢京剧，说:“我这几年年纪大了些，也开始喜欢京剧了。”我会说:“朋友你错了，我不是年纪大才喜欢京剧的，我是从小就喜欢。”

我很小的时候应该在黑白电视机里也看过两眼京剧，但那个时候完全无感。到 1990 年，那年我 10 岁，遇上了京剧界的一件大事——徽班进京 200 周年。徽班是安徽人（主要是安庆人）的戏班，活跃于当时的南方经济中心扬州一带。1790 年，是乾隆皇帝 80 大寿，那时候扬州的盐商组织徽班进京唱戏，这次巡演过于成功，以至四大徽班都留在了北京发展。经过不断地创新和融合，四大徽班把他们表演的众多戏剧中的一种——皮黄戏，发展成了京剧。所以四大徽班进京是京剧之源，1990 年时，无论是电台还是电视台，都在大肆宣传报道。

那时候我妈妈在学英语，每周日上午 9 点有个英语节目，结束后收音机也不关，接下来就是个京剧栏目。那个京剧栏目借着徽班进京 200 周年，一边讲京剧掌故，一边播放经典名段，我在旁边一边玩着一边就听进去了。后来我妈妈看我挺喜欢，就带我去工人俱乐部看京剧。工人俱乐部门口有个音像店，我还买了若干磁带回来听。

我从喜欢听马派老生开始，喜欢马连良先生扮的乔玄、诸葛亮的帅，后来喜欢听节奏快的对唱，如《坐宫》《武家坡》，就是现在B站上“京剧入坑集锦”的那些。年龄大一点了，也喜欢花脸、老旦，也能欣赏小生的美。我家有一盘李世济的《锁麟囊》，我听得很入迷。李老师当年已经高龄，不太出来演出了，只有一些重要节日的演唱会才会出来。我顺着程派的路径发现了一个青年演员叫张火丁，唱得真是好，于是又开始买票看张火丁。当年张教授的票还没有现在这么一票难求，20世纪90年代中后期，京剧还是不太景气，但是张火丁已经很有观众缘了，比其他戏上座率要明显高不少。

看戏看得多了，就对背后的排练、剧本、掌故更加感兴趣，有些戏的段落几乎都能背下来。我很少有无聊的时候，即便没有书看，或者不方便看书，我脑子里也可以背戏玩，自己演好几个人，锣鼓、胡琴都有，反正也不用管对错，自己脑子里热闹好玩就行了。

京剧的声乐、锣鼓、舞美，一切都击中了我的审美。京剧的锣鼓点一响，我仿佛就知道它要诉说什么情绪；京胡的悠扬仿佛总和我的心弦能够产生共振。我觉得最帅的中国男人就是京剧里的周瑜、黄天霸、赵子龙，如果说好莱坞电影里展现了西方的标准帅哥，像汤姆·克鲁斯、乔治·克鲁尼，那么杨小楼、叶盛兰、李少春、王金璐就是中国帅哥的集中代表。

有一些普及京剧的朋友，一讲京剧就说京剧是国粹、是中国文化的集大成者，这话说得都没错，但是让人喜欢京剧，还得演得好、唱得好才行。我喜欢京剧就是觉得它好听好看，是一种艺术享受，它叫不叫国粹、集不集大成，都不妨碍我喜欢。互联网上有几位传播京剧的贡献者和著名票友，我很喜欢他们的各种京剧讲座和演出，仔细一看，原来这几位都在美国，是大洋彼岸的票友。只有当京剧还牢牢地生长在移居异国他乡的同胞心中，才生动地说明京剧是国粹，是中华文化的结晶和载体。一朝被它浸染，就总是放不下那悠扬的旋律和意境无限的表演。

京剧是程式化的艺术，而在这坚硬到不可动摇的程式里，却出现了极具个人风格的不同流派。一出戏唱上百年，观众都会了，可好演员一出来演，还是一票难求。京剧令人着迷就着迷在唱它、演它的人，所以说角儿是最根本的，没有好角儿，就没有市场。出不来好角儿，京剧就会成为一个美丽的古董，成为放在博物馆欣赏或给现代人高仿，却失去了自有生命力的摆设。但是出一个好角儿，又是何其难哉！

洗涤眼睛的绘画

我喜欢看画，中国画、西洋画都喜欢看。中国画不必说，它与中国的诗词、文学、哲学联系紧密，是中国审美的重要载体。西洋画也好看，我最喜欢文艺复兴时期的画作，“三杰”自不必说，卡拉瓦乔、提香也是巨匠，伦勃朗、凡·高的画也好看，反倒是许多人爱的塞尚，我却嫌他有讨巧的俗气。

看画应该去美术馆，故宫、上海博物馆、辽宁省博物馆都很好，要是有机会去巴黎、维也纳、佛罗伦萨、伦敦和纽约，也能一饱眼福。我们大部分人不是专家和研究者，看画就是打卡。即便是

罗马斗兽场

博物馆的真迹，你也要隔着玻璃在不太亮的光线下观看，遇上人多的时候，还有人不停地催你往前走。看画展也是玩，带着打卡的心态看，这千年名画我见过它了，它也见过我了，这一个圈画圆就很好。看好画有个好处，能洗眼睛。我们的生活中充满了恶趣味和低审美，甚至反审美，去博物馆看看那些千百年来留下的名作，它们都是人类审美的至上作品，可以把日常眼睛里的各种真丑和伪美洗涤干净，让人神清气爽地回到现实世界中。

我有个看画的好去处，就是大拍卖公司的预展。预展里的画，也包括书法作品，得有几千甚至上万幅吧，挤挤地摆在一起，有时候分类也没那么讲究，反倒有一种琳琅满目、目不暇接的兴奋感。这边是吴冠中挨着雷诺阿，那边是曾国藩傍着梅兰芳，真是群英荟萃，少长咸集。拍卖会就像一个时空的黑洞，把一切不同年代、不同国家的艺术簇拥在一栋房子里，有点扭曲，但是非常浓烈。艺术气息浓烈——金钱味道一样浓烈。

以足球建立生活的时间坐标

足球曾经是我的第一大爱好，爱踢，爱看，爱评论，在大学里加入广播电台，都要到体育栏目里讲足球。我大四那年正遇上 2002 年韩日世界杯，大四课程少，韩日又离得近，就自己动手搞定世界杯球票，成了比较早的自己背包出国看球的那批人。在英国上学期间，也花了不少银子去看英超、德甲、欧冠。我曾经的生活都是拿足球纪年的。每年的开始是 9 月，那是欧洲联赛开始的月份，结束是在 5 月底，6 月到 8 月是暑假。如果自己记不准哪件事情是哪年发生的，就想想那件事前后我看了什么球、有什么重要的比赛，比如世界杯、欧洲杯之类，自己生活的时间坐标一下子就建立起来了。

2014 年 3 月中旬，我在德国出差，周末搞到了一张拜仁慕尼黑对勒沃库森（拜耳制药赞助的，俗称“药厂”）的比赛，我欣然赶赴安联球场观赛，上一次看德甲还是 2003 年在多特蒙德看的多特蒙德对拜仁慕尼黑呢。比赛踢得很精彩，两个球队星光璀璨，比赛间我忽然意识到，这是我入职君合 10 周年的日子。我 2002 年春天开始在君合实习，夏末秋初离京赴英上学，再回来是 2004 年 1 月，在家休息了一段时间，于 2004 年 3 月 15 日重回君合。这 10 周年的纪念日，竟然是在出差中的安联球场度过的，于是写了一首打油诗：

今日安联胜药厂，
十载学徒正入行。
我与群星同庆贺，
三千日里也平常。

钱币邮票

钱币、邮票收藏是我小时候的爱好，中间一度放下了，但是那些收藏品还在。现在拿出来看看颇有感触，这些东西虽小，却是一段一段的记忆。这枚钱币是怎么来的，这套邮票是怎么凑齐的，那个邮戳是在哪里盖的，许多人少年时期的生活细节都能重新浮现。

上学时通过邮票、钱币涨了不少知识，写作文的时候也没少在我的邮票、钱币上打主意。现在我做公众号的栏目——史律明信片，每封回信我都贴一张邮票，这既增加了文章的情趣，也是在向我早年的爱好致敬。

有时人们会说，你看那谁特别有涵养，你看那谁特别有艺术修养，涵养和修养是哪里来的呢？顾名思义，是养出来的。拿什么养？就是这些生活中的小爱好、小审美、小清闲、小情趣。当人把目光从低头挣钱和埋头竞争这些事情上移开，看到世界，看到美，他的精神世界也就宽广了。不论是谁，日常都难免蝇营狗苟、一地鸡毛，但是生活中仍然有超脱眼前琐碎的美好，可以是诗和远方，也可以是手边的一把京胡、一方邮票、一本闲书、一盏清茶。

所谓业余爱好，重在业余，没有负担，没有义务，只有乐趣。人除了是工作的人，还是运动的人、审美的人、艺术的人、求知的人和有情趣的人。有些爱好是跟着自己一辈子的，陪伴我们的时间甚至比亲密关系中的另一半都要长，这样的长情，这样的温暖，我们怎么可以因为工作太忙就舍弃呢？

做长期主义者，离眼前小利远一点

我们说要做长期主义者，避免短时思维和行为。何为长期主义，也是仁者见仁的事情。对于处在不同人生阶段的人，长期也是相对的、变化的。20 多岁的人，5 年以上就可以叫长期；40 多岁的人，职业生涯已过一半，人生经验更丰富，对行业了解更透彻，可以把 10 年、20 年当作长期，甚至可以开始务虚地考虑一下退休之后的工作和生活。

有几件事情一定是要长期地看，不是 5 年、10 年，应该是贯穿一生的。

第一，**终身学习**。学习不仅仅是工作赚钱的需要，也是人本身的需要。无论处于什么样的人生阶段，通过读书不断获取知识，这件事都不能变。获取知识也不见得一定要获取世界上最新的知识，有人愿意学习一下量子物理的前沿，有人愿意重温一下柏拉图的谈话，这都可以。相反，如果一个人不再读书和求知，这样的状态是缺乏长期主义精神的。

第二，**管理好自己的健康，锻炼身体**。健康是人生一切的底盘，没有这个底盘，什么都托不住。健康出问题，事业无法放手追求，生活无法全心享受，财富也会不断流失。坚持长期主义的人有时空穿梭的本领，他会穿越到不同的年龄阶段去看自己的一生。假设穿越到自己60多岁刚刚退休的时候，我们会看到自己什么样的健康状态呢？从自己今天的健康习惯和身体情况，还是能推断一二的。

第三，**帮助他人，回报社会**。一件物品的价值是通过与他人交换体现的，一个人的价值是通过对他人的帮助体现的。帮助一个具体的人，就是帮助他人；学雷锋做好事，帮助不特定的人，就是回报社会。一个不断给予的人，必然可以收获丰盈的内心。

以上三件事是我常常提到的。当然这里可以再加一条，那就是生活有节，不断储蓄，谨慎理财。

这四件事可以检查我们自己是否是长期主义者。如果一个人的生活习惯不符合上面的某一条，那么就应该做出改变；如果一个人的工作让他无法做到上述的某一条，那么这个工作就需要调整。

长期主义者是务实的，他们既能抬头看月亮，也能看清脚下的路。长期主义者是站在远见和大局之上去安排每一天的事情的。我上高中报到之后开的第一个班会，班主任吕老师讲学习的目的和任务。吕老师过去是教物理的，后来去国外交流学习了一段时间，英语大幅精进，回来后就教英语了，但是物理老师偶尔有事请假，他也能代物理课。吕老师在黑板上画了好几个大海浪的浪头，有点葛饰北斋的《神奈川冲浪里》那个意思。然后他告诉我们，这几波大浪都是科学史上的什么什么事情（抱歉，我这个后来的文科生想不起来具体是什么了）。几次浪潮都讲完了，吕老师在最后一波大浪之上又画了一朵小浪花，说:“你们要做的事情就是这个地方，把这个浪头再推进一点点，再提高一点点。”吕老师给高一新生讲为什么要学习，是从人类科学的过去和未来讲的。虽然我从没有想过当一个物理学家，但这个格局也是深深震撼了我。

我不由得把吕老师与我初中的一位语文老师加以对比。语文老师是别的班的班主任，但是也教我们班语文，是一位很有经验的名师。在我们上初一的第一堂语文课上，她习惯性地从班主任的角度告诉我们为什么要学习。她说，初中学习的目的很明确，就是上一所好高中，然后她讲了如何上一所好高中，就是要师生密切配合云云。今天的我当然知道学习和教育的目的不是上什么好中学，而是丰富知识，完善品格，提升人生的见识。当时的我还不到 13 岁，虽然我说不出她的“初中学习的目的就是上所好高中”这句话到底哪里不对，但是我知道老师这句话说得不对。语文老师到底错在哪里，这个问题一直萦绕在我心头，伴随我的成长，时不时也被我提拉出来思考一下。

这两位老师的开学第一课，清楚地帮我理解了长期主义和短期主义的区别。到了大学，有一位教授在课堂上反驳外界对本校学生“眼高手低”的批评，他说，只有眼高了，手才能高；眼都看不到，手怎么做得到，所以问题不是出在眼高，而是出在手低上。因此，长期主义和大局观之上还要有执行力，空谈长期和大局以博关注，不动手不照做，反而是短期行为的特征。

我有一方藏书印，上刻“能远”二字，这是我从陶渊明“问君何能尔，心远地自偏”（《饮酒·其五》）的诗句中化出来的。此印的意思就是提醒自己，要离所谓的潮流、时下热点、眼前小利远一点，尽量站到高处看事情，甚至尝试着站在人生甚至社会发展的角度看事情。一个人“能远”了，格局也就大了，精神也就更靠近长期主义了。

保持对异域文化的开放和好奇心

我在将近 20 年的工作中，与不少国际客户工作过，也参加过不少国际律师会议和活动。国际交往是做跨境交易的律师必须做的事情，这些活动可以扩大专业交际圈，收集各个国家优秀事务所的信息，在客户需要时推荐优秀的外国事务所，同时也能发展本所的业务。

五六岁的时候，我妈妈去外交学院进修了一段时间。那时候我看到她常常早出晚归，还捧着书学习英语，我很好奇，就问："什么叫外交学院？什么是外交？"我妈说："外交就是交朋友。"这就是我对国际交往最早的理解。

我第一次参加国际律师活动，是在 2008 年，事务所派我去爱尔兰都柏林参加 Multilaw Academy 的培训。

君合在 20 世纪 90 年代就已经加入 Multilaw，当时是以一个中型所的规模加入的，和当时 Multilaw 的欧洲成员体量大致相当。后来君合越长越大，成为该组织中很大的事务所，这是 Multilaw

开始没有预料到的，也觉得早年间邀请君合加入是个幸运的决定。现在 Multilaw 还流传着君合早年一些不靠谱的“神话”，说君合创业时几个人租在一个酒店房间里办公，秘书没地方坐，只能坐在卫生间里办公。这当然是个笑话，但是也能看出 Multilaw 的朋友对君合的创业和迅速成长的故事非常着迷。

我第一次参加 Multilaw Academy 是一次成功的国际交往经历。第二年 Multilaw Academy 就邀请我去讲课，所以我是 Multilaw Academy 的 2008 届学生，2009—2018 届的授课老师，2019 年开始担任 Multilaw Academy 校长。在成为合伙人之后，我也逐渐增加了一些国际交往活动，参加了国际律师协会（IBA）、环太平洋律师协会的一些活动。

快速打开局面的国际交往

国际交往中，有几件事要准备充分，这样可以较快地打开局面，交上一些朋友。

第一，英语要说得溜。日常交往中的英语和工作时用到的很不一样。国际交往中，谈业务是一方面，但是想交朋友，还要一起吃饭、聊天，家长里短地吐吐槽。我很快发现，我有一个特别陌生的领域，就是看不懂菜单。在国外的餐厅里，菜单即便是用英文写的，也不容易看懂。就好像一个中文学得不错的外国人在中国饭馆里，看到“花毛双拼”这样的菜名，一样发愣。

菜单上有些英语名词我们不认识，是平时用得少，还有些菜名和做法是来自法语或者意大利语，拿着菜单端详半天，竟然一个熟悉的菜都没有。日料的菜单我也不认识，按说不应该，日语里汉字多，能猜。可是日语转写成英语的时候，是按发音转的，没有了汉字辅助，顿时比英语还难懂。

这种时候就不要不好意思，要大胆地拿出手机查。我不仅查，还给菜单拍照，拍回来学单词。我有个中国客户给我讲过一个笑话，多年前他不懂英语，自己去加拿大卡尔加里，中间要在温哥华转机，等候转机时饿了，他到餐厅坐下，一看菜单都不认识，就随便用手指点了三处。服务员一脸疑惑地走了，不到 10 分钟，服务员给他上了三道甜点。那时候没有智能手机，不方便查字典，现在应该不至于，随便查查至少知道大概是个啥。

各国律师坐下聊天，也是各种花式吐槽，吐槽客户，吐槽审批机关，吐槽各自国家的习俗、交通、学区房。要跟大家聊起来，这些事怎么说，大概要有个谱，当然我也是边听边学，多听多说，自然越来越溜。

第二，**要相互尊重，平等交往**。随着国家不断强大，我们都感到作为中国人在国际上很有面子。我们也都一直受爱国主义和传统文化教育，有很强的文化自信，这都是很好的，但是在国际交往中，需要避免给人一种高人一等的感觉。尤其对于亚洲近邻，尽量不要表现出筷子是我们发明的，白酒是我们发明的，汉字也是我们发明的，虽然这些都是事实，但是不必非得说出来，显得我们太傲娇。

另外一种倾向就是自我贬低，这是绝对要不得的。没有人看得起恶意贬低自己国家的人。有智慧的自嘲是很好的，但是尺度把握是个技术活儿，用不好就不要乱用。有些在自己国内大家都懂的自嘲，拿到国际场合，因为文化不同，效果不见得好，甚至可能会引起误解。

先说个自嘲比较得体的例子。有一次开国际会议，各个事务所轮流自我介绍，有几桌坐的欧洲代表比较多，他们的介绍都好像用了一个模板，“我是 ××，来自 ×× 律师事务所，布鲁塞尔，比利时，欧洲”“我是 ××，来自 ×× 律师事务所，慕尼黑，德国，欧洲”“我是 ××，来自 ×× 律师事务所，都柏林，爱尔兰，欧洲”。到英国律师介绍了，当时英国正在脱欧公投后的混乱期，他站起来说：“我是 ××，来自 ×× 律师事务所，伦敦，英国，目前还是欧洲。”这个小玩笑让大家都笑了起来，会议开始时大家有点不熟悉的气氛立刻就没有了。自我介绍快结束的时候，法国代表姗姗来迟，主持人请他也介绍一下。他擦了一把头上的汗，说：“I am sorry. I am late, because I' m French。”（对不起，我迟到了，因为我是法国人。）法国人是以随性出名的，这个包袱抖得很响，大家又笑了，同时也都记住了他。

再举一个因自嘲而尴尬的例子。有一次，一个巴西律师给我们看她手机里里约热内卢的风景，我们都齐声赞美：天气真好呀，海滩真好呀。可是她突然来了一句：“Yes, We have very good weather, and we have very good beach, but we have very bad people。”（是的，我们有很好的天气，很好的海滩，但是我们的人却很糟糕。）这句话各国律师都接不住了，话题就此打住。

跟外国朋友讲中国的时候，也要对他们的背景知识做正确评估，不能像对自己人讲那样，上下五千年、960 万平方公里，想到哪说到哪。90% 的外国人不知道秦汉、三国、唐宋、明清是什么时候，不知道湖南湖北、江西江苏到底在哪里。讲到中国历史和地理的时候要慢慢讲，与其说“这是一个北宋的文学家”，不如说“这个作家离现在有 1000 年了”；与其说“我度假去了湖南”，不如说“我在中国中部旅行，有一座山是电影《阿凡达》的取景地”。

第三，**保持对其他文化的开放和好奇心**。我们和别人聊天的时候要多问别人感兴趣的事，不要总是滔滔不绝地讲自己，这一点在国际交往中也非常重要。所谓会聊天，就是能够引导聊天对象不断深入地介绍自己的工作、生活、律所情况和国家情况，这样既交了朋友，又收集了信息。如果只是我们自己说，除了满足了表达欲，并没有什么实际效用。

避开话题中的几个坑

政治话题是大家喜欢聊的，但也是容易踩坑的。国内对一些国外政治事件和政治人物的看法，不一定等于当地人们的看法，而且不同的人有不同倾向，所以最好不要妄加评判，而要多听多问。有一次我在韩国开会，吃饭时和一个以色列事务所的一位男士、一位女士挨着坐。当时 2016 年美国大选刚刚结束，我们聊起了特朗普和希拉里的对决。当时我觉得，周围没有美国人，大家都可以作为第三方随便聊聊，说着说着，我就发现以色列的这两位朋友有十分强烈的代入感，我再仔细一问，原来他们都有美国护照，也都投票了，而且男士投给了特朗普，女士投给了希拉里。他们给在座各位解释大选情况的时候，表达了不同的观点和政治取向，结果我们这些外国人只听了个一知半解，他们俩却争论起来了。当时我想，幸亏没有不知深浅地先发表一通议论，要不然一定得罪其中一位。

国外人士对中国的政治、法律、社会也有他们的认识，有些内容是片面的，甚至是错误的。但是不要一上来就与人家辩论，仔细听听他们的消息来源，也可以讲讲我们的切身感受。有一年京藏高速的内蒙古到河北一段大堵车，上了国际新闻，因为京藏高速有个“京”字，就有外国律师问我，北京是不是交通瘫痪了，大堵车了一个礼拜。我给他看了看地图，告诉他什么叫京藏高速，堵车位置在哪里，他恍然大悟地说，我以为京藏高速是北京市区的一条路！

还有人问过腐败问题、港台问题、新疆西藏问题等，这些人提出问题也是出于好奇心，想了解一下中国人是怎么看的。我就把国家的政策和自己感受到的讲清楚，绝大多数时候会让国外朋友有些新的理解，从而改变他们一些刻板的看法。

律师都爱聊政治，毕竟政法不分家，但是我们的国际交往更多是为了开拓业务，还要在商言商，不要让政治问题，尤其是看法的分歧影响了专业交流。不同国家的外交官之间还可以求同存异，何况我们这些民间人士呢。

国际交往有一套“范儿”，如果符合这个范儿，会比较快地和大家打成一片。这个范儿包括如何说话，如何吃饭饮酒，如何谈论一些话题，如何幽默地表达，范围很广，到底如何结合自己的特点带出这个范儿来，需要观察和体会。这个范儿来自西方社交的传统，但又不能说是纯美国式的或纯英国式的，它是一种对国际交往融合性的印象。这个范儿不能叫规范，因为这不是强制的和对错分明的规则，只能说它是一种印象。符合这种印象，就像个有经验的人；离这种印象远一些，就感觉还没有完全进入国际交往的气场。

对奢侈品要有“拥有即失去”的觉悟

理财必须记账，不记账就说不清钱是怎么来的，后来又到哪儿去了；不记账也说不清楚投资的情况如何，到底是赚钱了还是赔钱了。记账可繁可简，取决于个人习惯，有几类账还是记一下为好，有利于检测财务情况和增加储蓄。

投资的账一定要记，大额消费的账也要记，买房子、买车、装修，这些事情花了多少钱，心里应该有数。房子、车除了本身的价值，还有其他附加的开销和税费，都应记上一笔，才能知道到底在这件事上花了多少钱。

非日常的消费也应该记一下。不是日常生活必需，又容易花钱的地方，是需要监测一下的。这类事情因人而异，有人喜欢买超出日常需要的衣服、鞋子、包包，有人喜欢买贵点的酒，有人喜欢给游戏充值，有人会涉及好几样。这些消费有其意义所在，让人觉得开心，但是太多了会影响财务情况，也不是健康的生活方式，容易影响人的自律。这类消费可以制定一个预算限额，比如

埃菲尔铁塔

每年 1 万元，然后每花一笔记一下，达到限额了就停止此类消费，等到明年重新设置了预算限额再买。

现在手机上有各种程序方便我们记账。不同的收入和花销可以自主设置，分门别类，便于统计。我时不时会记记账，我也会简单地记一些日记，因为我这个人有点受不了那种说不清楚“钱都去哪了”和“时间都去哪了”的感觉。简单的记账和简单的日记，能让我在需要回顾的时候有个大致的依据。

奢侈品消费的高境界

我们生活在一个消费主义的时代，各种商业信息无时无刻不在诱导着我们去消费，很多人的工作就是要卖给你一些你根本不需要、本来也不想要的东西。网络上各种真真假假的炫富和恶俗的“白富美”总是在撩拨人们攀比的神经，给人“种草”都成了收入不菲的职业。高消费、奢侈品消费已经感染到了中学生甚至更年轻的人群，以至苹果手机的价格都是用肾衡量的。

一方面，我们需要有对消费主义保持冷静的态度；另一方面，我们也要看到，人在成年之后，自己挣钱自己花，都想买点好东西，买点过去买不起的东西，这是人之常情，买到想要的东西就是很开心的事情。

我刚工作的头几年，特别喜欢机械手表，没事就逛手表论坛，或者去手表店里看看。后来我陆续买了两块表，每块几万元，才把这个奢侈品的瘾过了。之后，我就对此事失去了兴趣，因为我发现这个快乐来自研究和逛，反而止于购买后的一两个星期。手表一到手，玩几天，那个劲儿也就过了。买进一块心仪很久的手表能带来的快乐，来得太浅也去得太快，明显不如一场旅行、一次独特的经历，甚至不如读一本好书、看一部好电影。后来我看到了一句话，说是购买型消费不如体验型消费让人快乐，我同意这个观点，至少在我身上是正确的。

奢侈品不是不能买，年轻时没有冲动地奢侈过一把，人生不完整。但是此事不可成为常态，即便是在奢侈消费的过程中，也可以跳出来看自己，知道自己这是在经历一个过程，而不是自己的日常和本质。总有高消费的冲动，不妨用上文的预算限制记账法管理一下。奢侈品消费的高境界是“拥有即失去”，一旦你过了这把人生的瘾，花了这笔令人心疼的钱，你对高消费和奢侈品的发烧期就过去了，以后更能平常地看待，这就是一种在物欲横流的社会里比较好的状态。

节俭不能过头

我们都知道生活不能过得太奢侈，同时，生活也不能过得太节俭。节俭是一种自律，凡是自律都是消耗能量的，人的能量有限，尽量把能量用在重要的事情上，而不是日复一日地消耗在鸡毛蒜皮的事情上。

我们这代人的父母大都是很节俭的，我们生长的环境尤其注重节俭。这是非常好的品质，到今天我都受益良多。但是节俭不能过头，节俭过头就是吝啬，人对自己和对他人都不能吝啬。我上大学时开始自己生活，虽然我那会儿又当商业主持又当家教，还是有不少外快的，但是我还是比较节俭。那会儿我有个公交月票，有些车是月票不能乘坐的，我还是尽量坐月票范围内的车，即使有时候等车等得很烦躁。到英国留学后，因为物价高昂，对生活的花销就更加注意，这个习惯一直让我带回国。人的习惯是有惯性的，虽然回国后上班挣钱，工资也不少，但还是精打细算地过日子。精打细算是好的,但是有时候花了太多时间去比价格，或者专门去什么地方买更便宜的东西。

我逐渐发现，日子过得手太紧，是消耗人的能量的，有些不愉快的心情就是由此产生的。我开始让自己放轻松一些，不再事事计算，需要打车就打车，需要去洗衣店洗衣服就去洗衣店。以前这种花费，我都是要琢磨琢磨的。一些小事放下了不再算计，会让人心情舒展，而且对整体花销的影响也不大。

对家人、朋友更要慷慨一些，虽然钱不等于感情，但是愿意为亲人、朋友花钱是表达感情的一种方式，也不要抠得太紧。但是，有些年轻朋友喜欢装门面，打肿脸充胖子地请客摆排场，则又走到另外一个极端了。我的户口本上籍贯写的是河北，有时候我跟朋友开玩笑说:“自古燕赵多慷慨悲歌之士。”这句话从某种层面上理解，就是老祖宗提醒我们河北人民太慷慨，自不量力地请人吃饭，不久就会成为一曲悲歌。

如今最困扰人们财务问题的就是房子，为了买房要攒钱交首付，不买房的要每月交租金，都是让人觉得剩不下什么钱的主要原因。房子应该买，但是年轻人也不要太着急，房地产市场的那种井喷式上涨的年代已经过去了，未来的经济模式和人口结构也不支持那样的井喷式上涨了。房子是一种好的储蓄方式，它督促你攒钱凑首付，然后将房子变成一笔固定资产；有些房子还是好的投资产品，它能实现抗通胀的作用，大概率也能够升值。但同时，房子会让人背上债务，这种债务控制在可以负担的范围内也是良性债务，是为了改善生活可以付出的债务。年轻人买房子，要么是买自己能住的，这样省了许多房租；要么是买虽然自己住不了——比如太远或者外地的房子——但是未来好出手的，这样以后可以比较快地卖掉，换个更好的。

理财理得好，还得注意钱袋子上不要有“破洞”——当心各种理财的坑，防坑防骗才能保证钱袋子的安全。坑骗的发生往往与人的心态有关，每当有人贪图便宜，着急发财，都是骗子下手的好时机。各种不符合常理的高息回报，各种剑走偏锋的“小众”理财投资，各种号称内部配额、认识什么什么人的特殊机会，都是必须避而远之的坑。

财富自由的伪命题

人上当，往往是因为有不切实际的希望，同时又有一个觉得这次不一样、自己不一般的心态。有一个词叫“财务自由”，非常受人喜爱，不少年轻人都立志要在多少岁之前实现财务自由。财务自由一时间成了梦想的彼岸，仿佛那个彼岸是个没有痛苦的天堂。

有多少钱叫财务自由呢？我看到了各种说法，从几百万元到上亿元的标准都有，可见财务自由是一个具体而主观的状态，并没有一个客观的起点。也有人解释说，财务自由指的是资产产生的收入大于开销，也就是说人不需要靠劳动收入，就可以覆盖日常。这个说法倒是客观理性得多，但是我发现已经退休的人基本都实现了财务自由。他们的收入产生于退休金（可以理解为一生工作的利息）、一些理财和投资，以及一些房屋出租的收入。如此看来一个人只要不出意外，工作一辈子，在退休时都能实现财务自由。

有人说，我要早日实现财务自由，不想等到退休。这个“早日实现”也是因人而异，有人号称要35岁，有人号称45岁，很少有人说50岁吧，因为那离退休的自然财务自由太近了，没什么奔头儿。

生活中的确有一些人，年纪不大就可以不靠劳动生活，我也认识那么几位，你可以说他们实现了“财务自由”。但是实现了财务自由的人真的自由吗？是如同大家想象的那样，已经登上了幸福的彼岸了吗？好像也没有。

靠自己挣钱的人是停不下来的。雷军不断创业，董明珠也没从格力退休，我认识的那些收入千万的大律师，也都还在跑业务、带团队、加班、开会，没见谁说“哥们儿我自由了”“哥们儿我先撤了”。

靠其他机缘实现财务自由的人，比如各种“二代”，嫁入、娶入豪门的，他们也焦虑。人都是需要证明自己的价值的，把现成的都端给你，人反而消受不了。我有些这样的朋友，看起来令人羡慕，但是内心也难得平静，总是在找寻着事情做，常常在下定决心自己拼一把和寻求贵人相助的复杂心情中纠结着。

“财务自由”应该是个舶来词，英文叫 financial independence，即财务独立。财务独立比财务自由更理性一些。自由总给人一种彼岸的向往，但即便到达彼岸，彼岸也是有多重等级的。资产收入基本覆盖了日常开销，这是初级的；再往上还有更多等级的自由，比如世界旅行的自由、买很多房子的自由、收藏的自由。说到收藏，那就没有财务自由这回事了。在艺术品收藏领域，多少钱都不够。所以彼岸并非没有烦恼，这山望着那山高，人只要不满意自己的现状，就总有更向往的彼岸。

好好工作，多赚钱，拿到钱好好储蓄，谨慎投资，做好财务计划，这些是脚踏实地的理财观念和行动计划。总梦想着财务自由，也许能让人工作的动力更大一些，但那毕竟是一个不解决病灶的安慰剂，太想要还容易用力过猛，得不偿失。

更何况财务状态也只是人生许多事务的一种，财务上比较宽裕，并不等同于人生问题的解决。个人感情、社会认可、人生价值等问题不因为钱够花了就能迎刃而解。有些人把财务自由想象成人生的自由，感觉一旦财务自由就可以有钱任性，过上自由自在的人生，这恐怕是高估了财务在人生内容中所占的比例。每个时代的人金钱观也是不同的，在战乱年代，为了一口吃的就可以拼上命，这样的事在今天看来已经难以理解。人在解决基本温饱、有了一定的财务安全感之后，生活中其他问题的重要性就会凸显出来，财务问题的重要性就相应地下降了。

我有个朋友，被外国政府冤枉地关了两年多，大家想方设法多方营救，好不容易使他重获自由。出来后没两周，他给我发了一个自拍，说他这发际线越来越往后了。我看了后大笑说：“两周前你的烦恼还是天下无二的异国冤狱，今天你就在发愁我们普通人天天发愁的事了，真是此一时，彼一时也。”

卢梭说，人是生而自由的，但却无往不在枷锁之中。发挥一下这句话可以说：人身一旦自由，发际线自由就重要起来；回到理财的问题上还可以说：财务即便自由，人也还是在枷锁之中。

健康是1，其他都是后面的0

身体是我们在世界上存在的形式，没有这个形式，内容都是谈不上的。这就是那句俗话，健康是1，其他事情都是后面的0。身体是思想的容器，身体是行动的工具，世界上的一切创造、发明、文明和进步，都是人用身体思考的、设计的、生产的。身体也是负担，是牵绊。假设没有身体，精神自然能够遨游十万八千里；假设没有身体，每个灵魂都是无欲则刚的圣人。可人就是这么设计的，从诞生那一刻开始，思想和灵魂就像水一样，被盛放在一个叫作身体的容器里。这个容器盛放着灵魂之水，保护着灵魂之水，但是也限制着灵魂之水，在我们可以感知的世界里，并没有可以不依托这个容器还能存在的灵魂。

古人的健身就是养生

“身是菩提树，心如明镜台，时时勤拂拭，莫使染尘埃。”

神秀的这首偈子，说的就是要好好养生，也要好好修行。虽然这首偈子并未能像六祖慧能一样顿悟得彻底，“明心见性”，反而是用来衬托六祖慧能那首“菩提本无树，明镜亦无台。本来无一物，何处染尘埃”的，但是“本来无一物”的境界太高，我们凡人委实做不到。能够达到神秀法师的境界，已经是很有慧根、很不平凡的人了。

西方文明自古就有明确的健身意识，我们从希腊的各种雕塑就能看出来。那些人从事的体育项目，扔铁饼、射箭、赛跑，今天的人们还在做着同样的事情。希腊雕塑也以人体匀称有肌肉为美，不像中国“绣像”小说里，什么样的大将都是面部肌肉下垂，挺着个将军肚。

中国古人不是不健身，而是不单讲健身，他们讲养生。养生是个综合修炼，健身只是其中一部分。中国古代的养生是从养神入手，保持健康作息、健康饮食，同时提倡禁欲。古代的养生术，强调不滥用身体有余，提倡主动锻炼不足。

中国古代健身往往与武术相联系，有进攻性的就是武功，没有什么进攻性的就类似于体操。庄子就喜欢模仿动物做体操，“吹呴呼吸，吐故纳新，熊经鸟申，为寿而已矣”（《庄子 · 外篇》）。可以看到，像熊像鸟的体操是配合着呼吸的，目的是长寿。长寿是中国古代健身的道德制高点，类似于现在的减肥，今天的健身房打长寿牌恐怕是卖不出会员卡的。孙悟空在和菩提老祖学本领的时候，对于菩提老祖要教给他的种种本领，也是挨个确认——“可得长生吗?”

到了东汉末年，据说华佗发明了五禽戏，模仿五种动物来做体操锻炼身体。这五种动物是：虎、鹿、熊、猿、鸟，可见熊和鸟在中国古代仿生体操里，一直是“常任理事”。古代鸟兽可以统称为“禽”，所以五禽戏并不是今天所说的纯粹的禽类，例如椒麻鸡、酱鸭、乳鸽、炸鹌鹑和烧鹅中的禽类。

到了宋朝，苏东坡推荐的养生方法里也有健身：一曰无事以当贵，二曰早寝以当富，三曰安步以当车，四曰晚食以当肉（《东坡志林》）。其中安步当车就是现在说的能动腿就动腿，尽量不坐车，绿色健康出行。但是多走路也只是四种方法之一，其他三件事是：一要保持清闲，二要早睡觉，这两条和现代人想的也差不多；第四条和现代人有点不一样，苏东坡主张要晚吃饭，其实他的意思应该是饿了再吃，不要总是饱着肚子，“已饥方食，未饱先止”。

古人脱开养生的语境，专门锻炼的也不是没有。东晋时候有“陶侃运甓”的故事，陶侃每天上午都把100块砖搬到门外，傍晚再搬进房内。别人问他干吗呢，他说为了打仗做准备，锻炼身体。陶侃是陶渊明的曾祖父，一生都是一个严肃自律的人，这样的人可不以养生为目的，而是为了国家出征去锻炼身体，在当年真是健身界的一股清流。

与陶侃同时代的人，还有一种锻炼方式，叫行散。行散就是散步，到处溜达，勉强可以属于健步走范畴。但是行散的原因很不健康，当时的那些名士喜欢吃一种丹药，叫五石散，是由五种矿物做成的，吃了之后必须走路，才能散发药性。这种爱好类似于“嗑药”，是万万不能学的，所以行散的锻炼方式从出发点上看是不利于身体的。

古代的健身因为有养生的色彩，所以总是和禁欲联系在一起的。《水浒传》里描述的各路好汉，基本上都属于“只爱学使枪棒，于女色上不十分要紧”的那一类。不爱惜身体到处拈花惹草的，大都没什么好下场。禁欲禁到一定份儿上，就跑偏了，变成了对女性的偏见，这就更要不得了。

现代人的健身法门

今日的健身，基本上是来自西方的理念。中国传统文化里有关健身的理念与现代健身理念离得太远，必须要经过几番更新，才能重回主流健身圈。

观察当下的健身有几家“法门”：最大一派当属跑步，跑步是健身中的泰山北斗、武当少林。跑步一门，从健步走到几公里，到半马，乃至马拉松，属方便法门，人人易行。其他门派还有瑜伽、HIIT（高强度间歇性训练）、塑形、跳操、游泳、各种球类，不一而足。要想扩展门户增加学员，每个门派都要自称能减肥。现如今不能减肥的健身项目一定是要黄的。跑步说能减肥，瑜伽也说能减肥，游泳也要跟进说能减肥。但是它们还互相挖苦，你说跑步能减肥，我非要拆台，跑步掉肌肉，不是健康的减肥；你说游泳能减肥，我说游泳之后容易饿，吃得更多。减肥真是当今世界健身界的道德制高点，谁扛起了减肥这杆大旗，谁就赢得了健身江湖的天下。

我虽然现在天天劝人锻炼，但过去我是个不喜欢锻炼的人。我所谓的不喜欢锻炼，是不喜欢枯燥的跑步和健身房的训练，对于有对抗的、集体配合的、需要技巧的运动，我都喜欢尝试。踢足球曾经是我的嗜好。刚上班的那几年，事务所的足球队每周五晚上活动，我从周一就开始惦记着，心里痒痒得很，就盼着周五早点到来。假设周五下午四五点钟接了一个电话，来了一个必须今天干出来的活儿——这种事情的概率还挺高，那会儿我服务欧洲客户，我这里的下午正是他们早上上班的时候——我当然是一百个不情愿，必须要默默地咒骂一通，方解心头之恨。

几年前我因为颈椎原因而头晕，听说游泳可以治疗颈椎，就开始游泳。原来我只会蛙泳，我本来想在蛙泳上精进一下，就翻找一些教学视频。一个视频教学的老师，对蛙泳表达了不太推崇的意思，我就听进去了，于是就开始看这位老师的自由泳教学。我跟着视频，一点一点地就练会了自由泳。说实话，游泳是个很累的项目，早上去游，白天犯困；晚上去游，又没什么力气，而且上岸之后特别想吃东西。

疫情期间游泳池都关门了，我浑身不爽，于是开始跑步。对于长跑，我过去一向不喜欢，在学校里的 1500 米、3000 米、冬季长跑等各种跑步，早就把我跑恶心了。这回自己主动开始跑，竟然跑出乐趣了，一开始跑三五公里，然后可以跑七八公里，有时间、有劲头的时候还能跑 10 多公里。

一开始我在公园里跑，后来觉得枯燥，就开始路跑。路跑有几条线路，从办公室跑到国贸一带再回来，这是 5 公里左右。这条路线适合晚上跑，没什么人，也没什么车。早晨 8 点跑有点奇怪，因为满街都是步履匆匆上班的人，中间穿插一个跑步的，虽然活泼，但是毕竟破坏了 CBD 地区团结、紧张、严肃的气氛。

想跑得长点，我就跑到故宫，绕一圈跑回来，是 11~12 公里。这条线路景色好，路上以游客为主，没什么上班的白领，不论白天还是晚上都适合。因为在核心区域跑步，偶尔会被警察叔叔叫停看一下身份证，但是并不会太影响成绩，查身份证的时间一般不会比等红灯的时间长。跑故宫的时候，耳机再播放一些相关的读物，如《雍正王朝》《明朝那些事儿》，就更加应景了。

还有一条线路，我叫它故居线。我小时候在北京的天桥长大，有些平时不用的东西还放在那处房子里。我需要放东西回去，就会穿好跑步衣，拿上东西，打个车到那里，放下东西，跑回来；我需要去拿东西，就直接跑过去，拿上需要的东西，打个车再回来。总之是“贼不走空”，锻炼的时候还做了家务。这趟线路 7 公里多，会经过我出生的医院、我上的小学附近、我工作后租住过的地方，特别适合回忆和总结人生。有时我边跑边想，这就是我人生走过的路程，从生长地到现在工作生活的区域，几十年过去了，也不过走了区区 7 公里。我还计划找时间跑一下我成长过的其他地方：西单的初中、平安里的高中、小时候常常去住的铁狮子坟的奶奶家——北京大学还是算了，那是半马级别了——这些想法还没有实施，但是这样规划起来，跑步就变得有趣了许多。

海边

跑出乐趣后，我又开始在各地跑，出差、休假到哪里，都要跑一下，可以叫打卡，也可以叫划地盘，从生物学上可以归结成一种雄性的领地行为——来到一个新地方，跑过即拥有。

村上春树有本书，叫《当我谈跑步时我谈些什么》，里面记录了他与跑步有关的一些感想，他甚至把一个作家的职业生涯和跑步联系到了一起。在读这本书之前，我的确挺好奇，那些看起来健步如飞的跑步者，或者如浪里白条的游泳者，在跑步或游泳时都在想什么呢？

就我的体会，游泳的好处，除了锻炼身体，还能锻炼集中注意力。我这个人一下水思维就容易跑偏，胡思乱想许多事情，而游泳要求人关注自己的动作，手怎么划，腿怎么打，换气的节奏，等等，总是胡思乱想岸上的事情，就游不好。为了集中注意力，游泳时我要求自己要想得非常简单，除了注意动作，只想一件事——这是第几圈了。我猜游泳会让人脑子缺氧，对于我这种本来数学就不太灵光的文科生，25 米泳池游 400 米就是 16 趟，想数清楚真是不容易！跑步时虽然心跳比游泳快得多，但是脑子仿佛更好用一些，可以思考不少问题，以至耳机里听的东西倒是常常被忽略了。

刚开始跑步时，脑子里总是各种劝自己别跑了的杂念：太累了我要不要停下；我小腿好酸要不要停下；我心跳有点快要不要停下；哎呀，我为什么要跑步，不行，我要恢复游泳；我可以健步走；啊，我就是不想跑了……这些杂音就是一道道坎，跑多了自然就迈过去了。跑步成为习惯之后，这些杂音少了，音量也小了，自己的心就定了，不管中间累还是不累，都是一个意念：今天定了跑多少，就是跑多少，别废话，先跑完再说。所谓体育运动锻炼意志品质，就是这个意思吧！

我在公园里跑步，时常遇到一些行动不太方便的人，有的是老年人，有的是身体有疾病或者有外伤的人，他们也在用各种姿势，用他们能够达到的速度努力地跑着、走着、向前着。他们对我一直都是极大的鼓励。我时常想，人生无常，我们都有各种原因跑不动的那一天。当我在公园里只能慢速移动的时候，看到身边一个年轻人健步如飞地超过我，我应该不会遗憾，毕竟我在能跑的时候，也撒开欢儿地跑过。

运动的初心

锻炼身体本来是抗焦虑的，但是现代人的健身往往制造了新的焦虑。跑步的要晒成绩，练器械的要晒腹肌，练瑜伽的要晒倒立，社交媒体的存在让全民健身也成了全民竞赛。我那退休在家的爸爸妈妈也要关注一下朋友圈里大家每日的步数。

当运动成了一件需要做的事，如果太忙、有事、天气不好，运动不成了，焦虑；觉得自己缺课了，进度落下了，焦虑；运动难免受点小伤，跑步跑得膝盖疼了，打球打得手腕疼了，暂时没法运动，也焦虑。

我在跑步和游泳时也经历过这种心理过程。给自己定计划、定目标，按部就班地练习，一旦没有盯住自己的计划，或者成绩提高得不理想，或者有点不舒服休息了几天，就会焦虑。经过这么几次折腾，我发现自己挺可笑的，运动不就是玩儿嘛，为了快乐才运动，运动成了活儿、成了任务，那就真心不好玩了。我又没有报名东京奥运会和北京冬奥会，我在这儿为了成绩着急，图什么呢？不要忘了运动的初心，当我们迈开腿跑的那一刻，不要忘记我们是为了快乐出发的。

时间管理是零和游戏

时间是人生的基本形式。对一个人来说，一降生，时间开始了；到咽气，时间结束了。在时间这个基本形式里填上什么内容、涂上什么颜色，就是人生的全部，也包括人生的意义和人生的价值这些东西。人生就是时间流逝的过程，怎么把握时间，就是怎么把握人生。

经济学里有个词，叫“可支配收入”，就是扣除了必需的开销，你想怎么花就怎么花的钱。把这个概念套用在时间上，我们也会发现扣除了必须做某些事情的时间，我们有一些“可支配时间”。

必须做的事情，第一类就是生理需要。这是非常硬的时间成本，就是你无法花钱找人替你办的那些事，比如吃饭、睡觉、出恭、洗澡……这类时间与节假日、周末没有关系，什么日子你都需要干这些事。这些硬时间该花就要花，年轻人每天尽可能睡够 8 个小时，按时吃饭，吃饭时不要慌，细嚼慢咽，该上厕所上厕所，该洗澡洗澡，别憋着自己，也别熏着别人。这类事情，一天要占去 10 个小时左右。

第二类必须做的事情就是工作、学习，即所谓主业的时间。这类时间因人而异，有的人要坐班，有的人可以移动办公；有的人要上课，有的人主要靠自学。上学和上班还可能有通勤的时间，这类时间在工作日里要占去 8~10 个小时，周末和节假日可能少点，可以算日均 7 个小时。

第三类必须做的事情是情感需求。与家里人说说话，接送孩子，谈恋爱，朋友打电话、聚会，这类事情因人而异、因时而异，就算每天平均一个小时吧。

扣除这三类必须做的事情，还剩 6 个小时左右，这 6 个小时就是我们每天的“可支配时间”，你可以自主决定要干什么。

总结一下，我们可以把时间分成四大类，前三类是“必修”，第四类是“选修”：

第 I 类：生理时间，10± 小时；

第 II 类：主业时间，7± 小时；

第 III 类：情感时间，1± 小时；

第 IV 类：自主时间，6± 小时。

时间管理是个零和游戏，一天就 24 小时，这个多点那个就少点。有人说得自主时间越多越好，其实也未必，如果为了增加自主时间去损害前三类时间，恐怕也很难获得幸福感。

时间类别意识

做好时间管理，要有时间类别意识，认真工作的时候清楚地知道自己是在 II 类时间，跟男 / 女朋友视频是在 III 类时间，在公园里跑步是在 IV 类时间，坐在马桶上思考人生是在 I 类时间。既然每个时间类别都有其必要性，也难以大量地互相侵占，那么把每个类别的时间用好、用充实，是时间管理的第一要务。

每一大类的时间段里，可能出现其他类别的插入，这时候也要清楚，时间类别变化了。比如，我午饭后困了，在办公室小睡 15 分钟，虽然我人在办公室，也是工作时间，但这 15 分钟是 I 类时间，而不是 II 类时间。

很多人对时间管理的困惑在于 II 类时间和 IV 类时间，简单地说就是上班上学没效率，下班放学没意思，我们分头来说说。

II 类时间的管理，在不同的工作岗位、不同的学习阶段都会不同。有人是案头工作，有人是到处跑业务，有人是备考，有人是写论文，不同情况不能以一定之规全部归纳，这里只讲一些我的工具和方法。

在 II 类时间里，我需要用“待办事项清单”。待办事项清单可以清楚地让我们知道今天需要干什么。手机上有各种待办事项的小应用，但是我习惯用纸质清单，随便一张纸写一下，放在案头。我也见过有同事在办公室放个小黑板或者小白板，把待办事项写下来。我把待办事项一般分成三类，就是纵向的三栏：一栏是今天需要完成的工作，一栏是正在进行但不是今天要完成的工作，一栏是生活待办事项（见下表）：

× 月 × 日待办单项清单

今日	进行中	生活待办事项
1. 回复食品公司尽职调查清单； 2. 回复波兰律师关于合作的问题； 3. 和新入职律师见面，参观办公室； 4. 给宇宙公司法务部打电话； 5. 上个月的账单改好发出去； 6. 和李律师谈山东项目的安排； 7. 和业务组同事讨论团建安排； 8. 和中信出版社李老师沟通书稿情况； 9. 回复 # 茶滋味 的留言和 # 史律明信片 若干	1. 航空公司尽职调查报告写作中，负责人 Eli； 2. 合同纠纷仲裁申请准备中，负责人 Lily； 3. 客户与第三方合同的合规审阅，负责人程律； 4. 合资企业董事变更，负责人朱律； 5. 中信出版社书稿，写作中	1. 买个新鼠标； 2. 预约下周末亲子活动； 3. 给小孙同学打个电话，问一下端午节聚会安排； 4. 再买两个花盆、一个喷壶

这个表是为了给读者看清楚，事情写得细一点。我自己使用的时候可能就两三个字或者一个人名，自己知道是什么意思就好了。

待办事项清单的左边一栏，当日清理掉；中间一栏，当日有个进度更新；右边一栏，有空就做一做，当作一天工作之中的调剂和休息。

当然，每天的工作不可能按照我们的清单进行，总有这样那样的事情插进来，意外情况、临时需求、紧急事件都可能打乱这个清单。如果没有完成，那就明天继续；这张纸写完了，就再来一张；没办完的事情照抄过来，新的事项再重新写上。

II 类时间里的各项工作尽量先易后难，早上到办公室，坐下来先把容易的做了，划掉几项待办，心情大好，再去做那几件费时费力的。不要觉得一到办公室精神很好，就先做难的，这样可能大半天过去了，待办清单没有进展，反而会影响自己的心情和士气。

IV 类时间的管理没有 II 类时间那样有许多硬指标和截止日期，但却是生活幸福感的重要内容。IV 类时间是真正属于自己的时间，生活的多彩、自我的提升，都要看自主时间利用得如何。管好 IV 类时间，先做一件事，即摆脱手机对我们时间的侵占和撕碎。这件事做好了，你就会发现时间变成了好朋友，特别好管理；这件事做不好，时间就不是我们的朋友，怎么管都管不好。

手机怎么管？首先把各种消息提醒关了。我的手机只有银行账户变动会开提醒，飞机、火车时间变动会开提醒，其他提醒基本都关了。微信和邮件不需要提醒，因为工作要用到，必须看，所以不用提醒；新闻提醒也关了，我们不是应急部门，小事情不需要知道，大事情早晚你都会知道，也不需要提醒。

顺便说一句，关掉新闻提醒不等于我们不看新闻，相反，我还建议大家每天专门找 15 分钟浏览一下政治、经济、科技、体育新闻，那是有意识地去看，而不是让新闻提醒把我们的时间切得更碎。还有就是不要老抱着手机看网剧、看综艺，很浪费时间。

专注的时间段

每天要有专注的时间段，比如我正在写作和录音，就把这一个小时定为写作、录音的时间段，专注做这件事，除非有人敲门找我或者电话来了，否则我不会分神去处理其他事情，不看微信也不看邮件。

有人说，我很难专注，总是喜欢东摸摸西瞧瞧，怎么办？我觉得建立一个习惯要从简单入手，坚持住然后再提高。你能做到 10 分钟专注做一件事吗？先做到 10 分钟，然后逐渐增加至 15 分钟、20 分钟，能保持 40 分钟专注就算很好的了，有时候我也做不到。

管理专注力可以用一个小工具——戴个手环。这招儿我是和一本“鸡汤”书《不抱怨的世界》学来的。那本书上说，你尽量不要抱怨，每抱怨一次就把手环摘了戴在另一只手上，直到你做到 21 天手环不换手，你就养成不抱怨的习惯了。

我觉得这个方法可以用在很多习惯养成上。你保持专注，设定个目标，30 分钟。如果你分神做别的事了，就把手环换一只手戴。什么时候能做到在你设定的专注目标里手环不换手，你就完成了第一步。接着你就练习保持这个专注时间一周以上，然后再加 5 分钟，直到每次能保持 45 分钟以上的专注力。什么手环都行，比如手链、手串、头绳，这些都可以。

自主时间的科目和目标管理

自主时间怎么安排，我们可以设个科目和目标，按周来测量。

假设我把我的自主时间设定为三个科目：锻炼、写作和练书法。然后设定目标：一周锻炼 4 小时，写作 3 小时，练书法 2 小时。那么我就安排专注时间段来做这三件事，做了哪个科目，记录一下时间。假设今天我早晨游泳了一小时，下班后写了半小时毛笔字，那就记录一下；明天我跑步半小时，写作 1.3 小时，我再记一下。

用科目来指引你该做什么事，在不同科目之间每天平衡安排，到周末时看看，哪个目标差一些，周末再补一下。

专注时间段是科目管理的基础，在每个专注时间段专注了，才能记录有效的科目时间。记时间你可以随身带个小本子、手账，也可以用手机记，手机上有各种时间记录的应用软件，挺方便的。

我只记自己的自主时间，主业时间我是不用特别记录的，因为我的工作本身就要求在事务所的系统里记录时间。如果你自学备考，或者是自由职业，那你主业时间部分也需要记录一下，并每周用目标来衡量。

如果你对更细致的时间记录法感兴趣，可以搜一搜柳比歇夫时间管理，你会对“柳大爷”叹为观止的，但是一般人也确实做不到。

无论什么本事，都是从无到有、从少到多、从浅入深地积累，没有魔法和捷径。积累就是在专注的时间里正确地重复，过程可能无聊甚至痛苦，但是水到渠成的那一天，你也会和我一样明白，原来如此，不过如此。

做自己的博士生导师

谈到教育，人们常说到三个方面：家庭教育、学校教育和社会教育。对一个未成年、还没有离开学校的孩子来说，这三方面都很重要，不能偏废。人一旦离开学校，从原来的家庭中独立出来，家庭教育和学校教育就大体上结束了，仅仅剩下一个社会教育。很多人理解社会教育就是“被社会毒打”，这恐怕更像“社会教训”，并不等同于教育。

人成年以后，教育不能停止，需要自己引导自己继续学习，我们可称之为“自我教育”。离开学校进入职场开始自我教育，是另一场时间跨度更长、内容更深、对人生影响更大的全面教育的开始。

无论是出于工作的要求还是自己的兴趣，人总想学点什么。喜欢掌握新知识，学习新技能，是人之本性。人被工作占去了许多时间精力，下了班还有交际和家务事，往往就把学习这件事放下了。我们看到许多退休后的老年人，去学书画，学乐器，学唱歌跳舞，上老年大学，这便是人学习新知识、新技能的本性摆脱了时间不够的束缚，重新恢复了活力。

与学生时代的学校教育和家庭教育相比，人在自我教育中更占据主动性。有的人想提高本职业务，开始学习更高、更难的知识和技能；有的人为了转换职业，开始学习新的专业领域；有的人出于健康和兴趣，开始学习哲学、外语，或者学习一项新的身体运动，比如瑜伽或滑冰。在这些学习中，没有老师和家长规定的课程，也没有外力的某种强制，纯粹是自己要求自己、自己检查自己，是十分主动的、从自己需要出发的学习，这应该也是十分快乐的学习。

持续地自我教育

自我教育让人充分自主，仿佛是自己在给自己当博士生导师，它不仅是学习知识和获取技能，更是人生观、方法论和人的全面发展的综合教育。自己帮助自己选题，自己引导自己学习、研究、练习，自己评估自己。用自己给自己当博导的思维去考虑工作之后的学习，可以帮助人打开思路，不拘一格地安排自己的持续教育。

给自己当博导，既要从学生时代的学校教育、家庭教育、社会教育中总结，也要自己不断摸索，这本身也是一种学习。当自己的博导没有一定之规，可以因人而异，因自己的材施自己的教，这正是自我教育具有吸引力的地方。给自己当博导，既要充分考虑个人的兴趣和特点，也要考虑自己的时间、精力和各方面的制约因素，正反两个方向都考虑全面，更容易制订出符合自己情况的教学方案。大多数人应该都会考虑以下几个方面。

一是选题，**相当于你想报考哪个方向的“博士”**。人总有许多兴趣，既然是自己安排，就这个也想学点，那个也想学点。选题不能太杂，一段时间有一个重点，最多两个，也就足够了。一两个重点最好也能保持一年左右的时间，不要频繁改变；如果有两个重点，也要明确主次，哪个是主修的，哪个是辅修的。比如，我想更加深入地了解一下普通法系的运作方式，那我可以先查资料，给自己开个书单，找到一些知名学者的讲座，然后分解到一年的时间里，每周读多少、写多少，写得好的可以分享在哪里，等等。这就是一个自己带着自己做出来的学习计划。假设我工作中还需要学一些管理学的知识，那就把读些管理学图书当作辅修，争取和普通法学习同时进行。等到普通法的一年计划差不多完成了，如果还想把管理学再好好学一下，我就可以把管理学变成主修。

有的人需要准备某种考试，比如司法考试、会计师考试、外语考试等，那就不妨把这门考试当主修，用同样的方法制订计划、安排时间。把考试当主修之前需要想清楚，只去考必要的考试，不要为了考试而考试。如果喜欢学英语就自己制订计划来学，不要没有考雅思的需要，非得报一个雅思考试来促进学英语。这种完全以考试为目的的学习，会让人失去许多主动性，而不考试就不会学习，恐怕也是我们学校教育需要反思的地方。如果想转行做律师，要考司法考试，或者出国读法学院，要考 LSAT（法学院入学考试），那就把这件事当主修，是没有问题的。

我在平时工作和招聘中会遇到一些年轻人，他们喜欢考各种证书，简历上也会列出来许多，比如注册会计师（CPA）、证券从业资格等证书。我一般都会问问，你为什么考这个啊。大体的回答是对此有兴趣，多考一个没有坏处。对在校生来说，时间较多，考考这种证书没什么坏处，而上班以后还要准备考试，就会牵扯比较多的精力，所以是否有必要，一定要事先评估。

顺便说一句，简历上有许多考试得来的证书，一般并不能获得很多加分，至少在我这里如此。这些证书只能证明一件事，就是这位应聘者特别能考试，特别会考试，各种证书越多越证明这一件事。这个印象过于深刻的话，反而容易引起人们提出另外一些问题：他对专业方向考虑清楚了吗？他无疑是位“做题家”，但他的实际操作能力如何呢？

二是时间安排。**既然是读博士，就要有个“教学计划”**。上面说了，安排一年左右的时间，主要做一件事。选好大题目，就要把这个大题目分解成小科目，然后按时间再分解到每个月、每一周、每一天里。这里最重要的时间维度就是天和周。自己每天哪个时间段最容易安排学习，自己最清楚。要找准相对固定的时间段，尽量形成习惯坚持下去。以我为例，我喜欢早起写东西，早上的时间没人打搅，写上一小时到一个半小时，然后叫孩子起床去上学。下午如果有点空闲，找半小时读点有兴趣的书，晚上睡前再读点有兴趣的书。脑子里有自己给自己定的这三个时间段，就不容易“摸鱼”。如果哪天下午很幸运，没有特别着急的事，我的脑子里就会亮起一个“阅读时间”的小灯泡，看一眼时间，5 点，好，打开书读到 5 点半，继续工作。

工作时候的自我学习，总是计划赶不上变化，有些年轻人的工作也不太能自己安排时间，因此在制订时间计划的时候，要留出富余量。我说一年时间研究一个重点，这就是打着富余量说的，能够按照自己的“课程表”，并且按照自己的“时间段”执行的时候，一年里能有半年以上就不错了。再有执行力的人，也总有太忙、太累、出差、旅游等无法按计划坚持的时候。一年里有 183 天能按计划执行，就已经非常不容易了，相当于隔一天做到一次。对工作较忙或者家里事情较多的人来说，那是不小的挑战。为什么是 183 天呢？按照税法，一个人一年内在境内住满 183 天，就算居民纳税人了。我们借用一下这个标准，如果一年内你有 183 天坚持了学习计划，那么就可以算“全日制”的自己指导自己的博士生了。

三是**重视输出**。自我教育不能仅有输入，没有输出。在学习的过程中，书读了一本又一本，各种课程上了一套又一套，自己觉得学了不少东西，但是又缺乏条理和归纳，这是自学时候的常态。如果我们按培养博士的方式来看，博士毕业是要有论文的。我们在学习的过程中，应该有一些阶段性的输出任务，比如，要求自己写一篇文章或者完成一个作品，并在一个合适的平台上，把这些成果分享出去，与有共同爱好的人一起讨论提高。

我小时候喜欢集邮，见到什么邮票都想收，后来收多了，也觉得没意思。我去了解了一下更大的收藏家是怎么集邮的，原来

清水寺

他们是有专题的：先确定一个专题，然后慢慢搜寻、积累，最后按这个专题做一个邮展，可大可小，作为这个专题收藏的成果。

学习就像集邮一样，从广泛学习逐渐聚焦到专题学习，而专题学习的目标是要出一个成果，不能仅限于读了多少本书，上了多少堂课。输出的过程其实也是学习的一部分，只有自己搞得非常明白的事情，才能清楚地讲给别人听。我在事务所有时候会做一些法律实务培训，我有时候开玩笑说，这些培训的最大受益人就是我。每次讲完，我看那些参加培训的律师对于培训中指出的一些问题和毛病，依然是一切照旧，没什么改变；而我通过整理材料、准备讲义，每次都觉得思路更清楚、技术更熟练了，自己反而提高了不少。

自我教育能提升人的视野和格局

自我教育的主要内容是自学。世界上无数取得非凡成就的人，最终靠的都是自学，没有谁只跟着老师就能取得很大成绩的。自我教育的内容不仅限于学习知识，而自我教育的目的是促进自己更好地成长，成为一个更丰富、更和谐的人。所以自己给自己当博导，还要重视自己的全面发展，对审美、道德、哲学和健康都不能偏废。

随着人年龄的增长，知识的丰富、人格的完善和身心的安宁，都是成为一个更好的人、全面发展的人所必需的。有一种观点说，要去努力做事，去改变世界，不需要花很多时间改变自己，因为自己成为一个好人，对改变世界没有什么用处。我的看法与这种观点是相反的。发展科技、获取财富总体来说都是有益于世界的，但是人不能成为这些事情的工具和手段，人本身就是目的，而物质世界是反过来为人服务的。

当然，这个世界也需要那些不介意小环境评价，而一心要改变世界的人。这样的人有时候不近人情，有时候甚至有点浑，但是他能成事。苹果创始人乔布斯先生，据说就是一位挺难搞的人，但是他做出了大事情，我们用着他设计的手机，歌颂他的成就，也就不拘这些小节了，只是他身边的家人、同事可能抱怨得多一些。这两种取向本没有对错与高下之分，认识到自己是哪一路人，哪种方式让自己觉得更有价值，就去走哪条路便好。

有人说，人生就是修行，工作就是修行。修行是怎么修的？我们没有出过家，缺少这方面的直接经验。但是绝大部分人是上过学的，学习应该怎么学，我想很多人是有心得，也是有教训的。我在中学时数学学得不好，现在我常常在脑子里冒出一些想法，当时我要是那样学数学，那样做练习题，会不会更好一些。这就是在持续的自我教育过程中，随着认知的提升，从教训里面总结出的经验。

对还没有离开学校的学生来说，自我教育也已经开始了，只是还没有成为最重要的教育形式。如果你还在读书，就要珍惜可以近距离观察教育活动的机会，尤其是遇到好老师的时候，把好老师的好方法拿个小本记一记，以后这些都是你自我教育过程中可能用得上的秘籍，毕竟人的自我教育的许多方法都是从自己的学生时代习得的。

从最后一个学历拿到手，走上工作岗位开始，自我教育就几乎是你教育生活的全部，你的“博导”生涯就开始了。自我教育很大程度上影响着一个人后来几十年的生活和工作。自我教育搞得好，知识技能不断提高，日子过得有滋有味，人生的视野和格局就会日渐宽广；反之，缺乏自我教育的生活，难免越来越乏味，越来越干瘪，只剩下蝇营狗苟，忙忙碌碌，正所谓“三日不读书，便觉语言无味，面目可憎”。

“活到老，学到老”这句话，不仅仅是教人上进之谚语，更是教人怎样活得更美好的秘籍，你读懂了吗？